书香文雅

中华传统文化国粹
经典文库

名家导读版

围炉夜话

〔清〕王永彬◎著
陈喜儒◎导读

中国民族文化出版社
北京

图书在版编目（CIP）数据

围炉夜话 /（清）王永彬著；陈喜儒导读. -- 北京：中国民族文化出版社有限公司，2023. 11（2024.1 重印）

（中华传统文化国粹经典文库：名家导读版）

ISBN 978-7-5122-1565-8

Ⅰ. ①围…　Ⅱ. ①王…　②陈…　Ⅲ. ①个人—修养—中国—清代　Ⅳ. ①B825

中国国家版本馆 CIP 数据核字（2023）第 059987 号

围炉夜话

WEILU YEHUA

作　　者　〔清〕王永彬

导 读 者　陈喜儒

责任编辑　赵卫平

责任校对　李文学

装帧设计　宋双成

出 版 者　中国民族文化出版社　地址：北京市东城区和平里北街 14 号

邮编：100013　联系电话：010-84250639　64211754（传真）

印　　装　三河市南阳印刷有限公司

开　　本　710 mm × 1000 mm　16 开

印　　张　22

字　　数　316 千

版　　次　2023 年 4 月第 1 版

印　　次　2024 年 1 月第 2 次印刷

标准书号　ISBN 978-7-5122-1565-8

定　　价　39.80 元

中华传统文化国粹经典文库

品文化经典　通古今智慧

总策划

李继勇

策划人、出版人、北京书香文雅图书文化有限公司董事长。专业从事图书策划，儿童文学、儿童阅读推广，国内文化交流等。已成功策划“儿童文学光荣榜”系列、“爱阅读课程化丛书”系列、“文学百年·名家散文典藏”系列、“科幻文学群星榜”系列、“绘本里的世界”系列、“童诗百年”系列等多种类型出版物。

总顾问

于润琦

中国现代文学馆研究员、中国作家协会会员。总主编《插图本百年中国文学史》（3卷），主编《清末民初小说书系》（10卷）、《海派作家作品精选》（16册），校、注古典小说《型世言》《金屋梦》《中国古典文学海外珍稀本文库》30余种，参与编选《明、清、民国时期珍稀老北京话历史文献整理与研究》（30册）、《中国现代文学百家》（116册），以及《北京的门礅》《老北京的门楼》北京民俗著述多种。

导读者

（按姓名音序排列）

◎薄克礼
文学博士，天津城建大学教授。攻文史，好四书。

◎陈鹏程
历史学博士，天津师范大学文学院副教授。

◎陈世旭
当代作家，曾任中国作家协会主席团委员、江西省文联主席兼作家协会主席。

◎陈喜儒
作家，著名翻译家，曾任中国作家协会外联部副主任、中国外国文学学会日本文学研究分会会长。

◎冯　蒸
首都师范大学文学院教授，博士生导师，北京国际汉字研究会理事、副会长。

◎官　铎
管子思想理论和应用资深研究学者。

◎关四平
哈尔滨师范大学文学院教授，博士生导师。主要从事中国古代小说及戏曲等研究。

◎韩小蕙
著名作家，中国作家协会会员，中国散文学会副会长，南开大学文学院兼职教授。

◎侯忠义
北京大学教授，曾任北京大学图书馆古籍整理研究室主任。主要从事先秦两汉文学史、文言小说研究。

◎李海涛
天津师范大学历史文化学院教授，天津市孙子兵法研究会荣誉会长。

◎李瑞兰
天津师范大学历史文化学院教授，曾任中国先秦史学会理事。

◎李树果
资深《易经》研究者，中国散文诗学会理事，《中华时报》记者。

◎李硕儒
作家，著名编剧。合著长篇历史小说《大风歌》获重庆市“五个一工程奖”。

◎廉玉麟
天津中医药大学第一附属医院主任医师，教授。

◎林海清
天津师范大学国际教育交流学院副教授，天津市红楼梦研究会副秘书长兼理事，中国三国演义学会、中国水浒学会会员。

◎林　骅
天津师范大学文学院教授，曾任古典文献研究所所长，天津市红楼梦研究会顾问。

◎马文大
首都图书馆研究馆员、北京地方文献中心主任，北京史研究会副会长。

◎孟昭连
南开大学文学院中国语言文学系教授，中国东方文化研究会理事。

◎宁稼雨
南开大学英才教授、博士生导师，2017年度国家社科基金重大项目“全汉魏晋南北朝小说辑校笺证”首席专家。

◎宁宗一
南开大学学术委员会委员、中国武侠文学学会名誉会长、中国儒林外史学会副会长。

◎牛　倩
天津大学国际教育学院副教授，硕士研究生导师。

◎欧阳健
福建师范大学文学院教授，曾任《明清小说研究》杂志主编。

◎潘务正
安徽师范大学文学院教授，教育部人文社会科学重点研究基地安徽师范大学中国诗学研究中心副主任，中国韵文学会赋学专业委员会（中国辞赋学会）副会长。

◎乔卉林
中国城乡金融报社记者。其作品曾多次获得奖项。

◎尚学峰
又名尚学锋。文学博士，北京师范大学文学院教授。

◎邵永海
北京大学中文系教授。主要从事汉语史方面的教学和研究工作。

◎石定果
北京语言大学人文学院教授，汉语言文字学博士。著有《说文会意字研究》等多部作品。

◎石　厉
原名武砺旺。著名诗人，文艺理论家。《诗刊》编委，《中华辞赋》杂志总编辑，中华诗词学会副会长。

◎石　麟
湖北师范大学文学院教授。中国水浒学会会长。

◎孙立仁
曾任《中国老年报》社长，发表多篇小说、诗歌、散文、报告文学等。当代篆刻家。

◎孙钦善
北京大学中文系教授，全国高等院校古籍整理研究工作委员会委员，中华炎黄文化研究会理事。

◎田秉锷
江苏省文艺评论家协会顾问，徐州市孔子学会顾问，江苏师范大学客座教授。

◎王建新
中国历史文献研究会理事，中原传媒集团出版部副主任。

◎王　蒙
著名作家、学者，文化部原部长。茅盾文学奖获得者。多年来致力于传统文化研究。2019年获“人民艺术家”国家荣誉称号。

◎王晓华
民国史专家，中国第二历史档案馆研究馆员。中央广播电视总台、北京电视台、湖北卫视等多个栏目主讲嘉宾。

◎吴　波
湖南农业大学教授、党委委员、副校长，中国儒林外史学会副会长，湖南省古代文学学会副会长。

◎武道房
安徽师范大学中国诗学研究中心教授。

◎徐　刚
诗人，作家。曾获鲁迅文学奖、郭沫若散文奖、中国报告文学终身成就奖等。

◎俞　前
中国作家协会会员，苏州市吴江区南社研究会会长，苏州南社文化研究院副院长。

◎查洪德
文学博士，南开大学中国语言文学系教授，博士生导师。内蒙古元代文学学会会长。主要从事元明清文学与文献研究。

◎张秋升
曲阜师范大学历史文化学院教授，主要研究儒家史学理论。

◎张世林
新世界出版社编审，著有《大师的侧影》等著述。

◎张弦生
中州古籍出版社编审、副总编辑。

◎郑铁生
天津外国语大学教授，原中国三国演义学会常务副会长兼秘书长，曾任中国红楼梦学会学术委员会委员、北京曹雪芹学会副会长。

◎周传家
北京联合大学应用文理学院教授，中国昆剧古琴研究会副会长，中国戏剧文学学会顾问，中国戏曲学会常务理事。

◎卓　然
原名王坤元，笔名卓然。作家，诗人。著有中短篇小说集《我记忆中的河》、散文集《天下黄河》等作品。

名家导读

一、与《围炉夜话》结缘

说来惭愧，我虽然早就听说过《围炉夜话》，但并未读过，不知是什么书，以为是民间故事或随笔小品。后来之所以将其置于案头，不时翻阅，是缘于在日本农村的一次采访。

我供职于中国作家协会对外联络部，长期从事并主持对亚洲、非洲的文学交流。二十世纪八九十年代，国门逐渐打开，与日本的交流日益频繁。但中国作家出访，长则十天半月，短则三五天，接触的多为作家、社会名流或达官显贵，有如乘坐“新干线”，蜻蜓点水，浮光掠影，一闪而过。这种交流方式，在开始阶段，是非常必要的，甚至是唯一的选择。但随着中日两国人民的相互了解不断加深，仅此一种方式，难尽人意，所以我想，能否双管齐下，有长期，有短期，有走马观花，有“下马看花”，相辅相成，扩大深化交流？于是斗胆提出了一个“洋插队”计划：选择身体好、创作精力旺盛的中青年作家，每次一个主题，时间为两到三个月，深入到日本的工厂、农村、学校、家庭，尽可能与各行各业的人同吃同住，了解日本的国情民情，亲身感知日本人的喜怒哀乐，加深彼此的了解。

我这个别出心裁的计划得到了中国作协领导的赏识和日中友好协会的全力支持。1986年初夏，我与晓凡、凤章由日中友好协会副理事长古川万太郎先生介绍，到茨城县牟田町大和田巴农寮“插队”采风。

接待我们的是当地的一个农民团体“耳朵会”。这个听起来莫名其妙的名字，实际上是农民自发组织的一个学习团体。他们忙于生计，养牛种田，没有时间读书学习，于是在农闲时节，多为晚上，请各界专家开展讲座，或者大家在一起讨论各种感兴趣的问题，用耳朵学习。讲座的内容极为广泛，有农业、畜牧业、生态、农药、化肥、工业、历史、文化、科技、教育、法律等等，每次两小时。我听过两次，一次是东京大学教授讲日本史，一次是一位数学家讲数学与感觉。原以为这些与农民生活根本不沾边儿的主题没有人来听，但出乎意料的是会场座无虚席。他们边听边记，还不断提出问题，态度认真，气氛活跃。

我们住的巴农寮，是一座具有江户时代农家风格的大宅门。门楼用原木搭建，茅草缮顶。庭院宽阔，有假山、喷泉、水池、凉亭，还有风车、舂米的石臼、犁、锄等传统的农具，绿树婆娑，杂花缤纷。院子正中是主屋，木结构，草顶，二层，宽敞，明亮，有几百平方米。屋内有一个很大的火塘，长方形，燃着松枝柏根，散发阵阵清香。有两根粗竹，从屋梁上吊下，下端坠有两条木鱼，鱼嘴各吐出一个铁钩，挂着烧水的铁壶、煮菜的铁锅。屋顶经长年烟熏火燎，油黑锃亮。

没有讲座的日子，农民们忙完一天的活计，也常来这里读书看报，抽烟喝酒聊天休息，俨然是个乡村俱乐部。前几年，他们将讲座、发言的记录稿整理出来，编了一本书，名为《炉边夜话十年》。送我书时，会长说："我们为了纪念'耳朵会'成立十周年，编了这本书。请老作家住井末为书起名时，她说中国有本书叫《围炉夜话》，讲一家老小围坐在火炉前，聊家常聊人生，聊为人处世之道，与你们围着火塘谈天说地，讲人生的苦辣酸甜很相似。所以，我建议你们的书叫《炉边夜话十年》，有一种历史的沧桑感……"

没想到，在日本偏僻的农村，农民们自费出版的一本书，居然与中国有关。采访之余，我与农民朋友一起，去拜访了这位远离喧嚣的大都市，隐居在乡村的老作家。她年逾八旬，耳聪目明，思维敏捷，非常健谈；

言及中华文明，孔孟老庄，滔滔不绝，如数家珍。她说她的书斋“抱朴舍”，即取自《老子·第十九章》。还说《围炉夜话》在日本流传不广，知者不多，不像《菜根谭》有多种译本，但愿有识之士能将其尽早译成日文……

我们这一代人，囿于历史的种种原因，对博大精深的中华传统文化知之甚少。在这位老人面前，我无言以对，感到无地自容，当即暗下决心：回国后马上补课，就从《围炉夜话》开始。

二、《围炉夜话》作者简介

《围炉夜话》是讲如何安身立命、为人处世的小品集。作者王永彬（1792—1869），湖北枝江人，字润芳，号宜山，人称“宜山先生”，其后人称其“宜山公”。出生于行商走贩之家。乾隆年间，其父王盛才因为经商从湖北咸宁迁居枝江县石门村（今湖北省宜都市枝城镇余家桥村）。他年少时入私塾读书，因其仲兄去世，父令其辍学谋生，他跪地哀求才被允许修完学业，终得入县学读书，为廪生。道光廿三年（1843）被选考为贡生，为修职郎（八品）。他一生经历了乾隆、嘉庆、道光、咸丰、同治五朝，阅历丰富，曾两次参加修编《枝江县志》，担任“分修”，后候选教谕。他有孝心，对人友善，以教书为业，将家塾学馆命名为“桥西馆”，又称“桥西山馆”。他生性单纯恬淡，不爱荣华富贵，教学中，先令学生修身，次教其治学，不以科举应试为唯一目的，并且身体力行，率先垂范，修身养性。对于乡人，见善必赏，见过必纠，苦口婆心，不厌其烦。

他深受儒家思想影响，喜欢历代大儒的论著，对经史百家，都要追根求源，探究真谛。他一生治学甚广，勤于著述，清同治五年（1866）《枝江县志》记其著有《孝经衬解》一部，清光绪六年（1880）《荆州府志》记其著有《历代帝统年表》《围炉夜话》《先正格言集句》三部。中国国家图书馆“古籍馆普通古籍阅览室”藏书目录中有其“桥西山馆杂著八种”：《历代帝统年表》一卷、《先正格言集句》一卷、《朱子治家格言》一卷、《六书辨略》一卷、《音义辨略》一卷、《禊帖集字楹联》一卷、《孝经衬解》一卷、《围炉夜话》一卷。另辑有《讲学录》《说古韵言》《桥西馆诗钞》《独柱山房诗文襟著》等。

三、《围炉夜话》概述

《围炉夜话》是王永彬著作中流传最广、影响最大的一部。他将自己在生活中的片断感受，凝聚为格言221则，集腋成裘，汇编成人生哲学小品集。《围炉夜话》文笔典雅，言近旨远，短小精美，玲珑剔透，意蕴悠长，益人神智；以“安身立业”为本，从道德、修身、读书、安贫乐道、教学、忠孝、勤俭等方方面面，阐述如何立德，立功，立言。

书中讲，要学会正确对待个人的欲望，去除粗鄙浮躁之心，培养勤俭、吃苦耐劳的品性和积极向上的进取精神；要立大志，成大事；既要有高远追求，又要脚踏实地，从眼前出发；对待生活要学会贫而不谄，富而不骄；对人要宽和，对己要严格；对待朋友、君子要真诚，学习他们的长处，对小人、恶人要远离，不可掉以轻心；处世要谨慎平和，不要偏激；对所做之事要尽心尽力，尽职尽责；教育子弟，要明辨是非，谨言慎行，不要随意说人长短是非……

《围炉夜话》有两大特点。其一，以与家人围坐在一起说笑交谈的方式，讲述人生的经验、智慧，营造一种亲切、随和、自然、轻松、愉快的氛围，使人不知不觉地进入其中。其二，文辞浅近，情真意切，无拘无束，通俗易懂，老少皆宜。

由于是“心有所得”“随得随录”“语无伦次”（《围炉夜话·序》），所以难免有缺乏系统、条理不清之瑕，显得纷繁芜杂，自由散漫，但在《围炉夜话》中，王永彬将日常生活中的所见、所闻、所思、所想，与古代圣贤的智慧思想融会贯通而产生的人生感悟、理想追求，却闪耀着迷人的光彩，恰如在漫长寒冷的冬夜，炉中熊熊的烈火发出的光和热，温暖人心，照亮人生。

四、《围炉夜话》精句品评

书中金玉良言，俯拾皆是，连我们平素挂在嘴边的为人处世的熟语，也随处可见。比如关于敬人靠己，书中讲“敬他人，即是敬自己；靠自己，胜于靠他人”。比如关于为人处世要有耐心，不可心浮气躁，与人交往，学会忍让，吃亏是福，书中讲“十分不耐烦，乃为人之大病；一味学吃亏，是处事之良方”。比如关于以友鉴人，识人之术，书中讲“能结交直道朋友，其人必有令名；肯亲近耆德老成，其家必多善事”。

书中讲做人要明辨是非，不忘廉耻：“心能辨是非，处事方能决断；人不忘廉耻，立身自不卑污。”书中强调待人处事要心气平和，警惕花言巧语：“气性不和平，则文章事功俱无足取；语言多矫饰，则人品心术尽属可疑。”书中判断益友、小人的标准：“何者为益友？凡事肯规我之过者是也。何者为小人？凡事必徇己之私者是也。”书中提醒世人说话做事要选对象，不可对牛弹琴：“性情执拗之人，不可与谋事也；机趣流通之士，始可与言文也。”书中提倡为人宜忠厚淡泊：“世风之狡诈多端，到底忠厚人颠扑不破；末俗以繁华相尚，终觉冷淡处趣味弥长。”书中说大丈夫处事论是非，君子立言要平正：“大丈夫处事，论是非，不论祸福；士君子立言，贵平正，尤贵精详。”书中说品德与学业无长进的缘由：“人品之不高，总为一‘利’字看不破；学业之不进，总为一‘懒’字丢不开。”

《围炉夜话》涵盖了立德、修身、读书、为学、立业等诸多方面，认真品读，可益人心智，滋养人生，对人格培养和净化世道人心都会产生深刻影响。尤其是对那些涉世不深的青少年来说，它就像一本深入浅出的人生教科书，教人学会谦，学会让，学会进，学会退，学会忍，学会志存高远，学会脚踏实地，努力做一个纯粹的、道德高尚的、利国利民的人。

莎士比亚说："书籍是全世界的营养品。生活里没有书籍，就好像大地没有阳光；智慧里没有书籍，就好像鸟儿没有翅膀。"

让我们走进阳光，长出翅膀，在人生的天空，自由翱翔。

陈喜儒

目录

序

原文

寒夜围炉，田家妇子之乐也。顾[①]篝灯[②]坐对，或默默然无一言，或嘻嘻然言非所宜言，皆无所谓乐，不将虚此良夜乎？余识字农人也。岁晚务闲，家人聚处，相与烧榾柮[③]煨山芋，心有所得，辄述诸口，命儿辈缮写[④]存之，题曰《围炉夜话》。但其中皆随得随录，语无伦次，且意浅辞芜[⑤]，多非信心[⑥]之论，特以课[⑦]家人消永夜[⑧]耳，不足为外人道也。倘蒙有道君子惠而正之，则幸甚。

咸丰甲寅[⑨]二月既望[⑩]王永彬书于桥西馆之一经堂

【字词注解】

①顾：但是。

②篝灯：置灯于笼中。篝，竹笼。

③榾柮（gǔ duò）：木头块，树根疙瘩，可当炭用。

④缮写：抄写。

⑤芜：杂乱。

⑥信心：原本是佛教用语，此处指虔诚敬仰之心。

⑦课：督促。

⑧永夜：长夜。

⑨咸丰甲寅：咸丰四年，即1854年。

⑩二月既望：农历二月十六日。既望，古时对每月农历十六日的代称。

【精彩解说】

寒冷的夜里围着炉子，是农家夫妇与儿女的欢乐。但是笼上灯对坐着，或者沉默不言，或者嬉笑着说一些不该说的话，不就浪费了美好的夜晚吗？我是一个识字的农民。岁末农闲，与家人一起烧柴煨山芋，有了一些心得，就直接说出来，让儿子抄写保存下来，起名《围炉夜话》。但是其中都是想到什么记录什么，语无伦次，而且意旨浅显，语言杂乱，大多不是虔敬的言论，不过是用来督促家人、消遣长夜罢了，没有什么值得对外人说的。倘若得到有见识的君子的指正，就太幸运了。

咸丰四年二月十六日王永彬写于桥西馆的一经堂

【智慧解析】

这篇小序叙述了《围炉夜话》一书的由来，同时对全书的内容进行了概括。作者王永彬自称“识字农人”，并将此书的内容形容为“随得随录，语无伦次，且意浅辞芜，多非信心之论”，虽然有自谦的成分，但也从侧面反映出《围炉夜话》通俗、敦厚，注重传统伦理道德的特点。通过小序可以看出，作者创作的目的原本是“课家人”，特别是教导子孙如何立身处世，故而对读者也有启示意义。

第一则

原文

教子弟[1]于幼时，便当有正大光明[2]气象[3]；检[4]身心于平日，不可无忧勤惕厉[5]功夫。

【字词注解】

①子弟：“后辈”的统称。

②正大光明：襟怀坦白，行止正派。

③气象：一指大气的状态和现象；一指情景和情况；一指气派和气势。这里指人的言行举止和态度。

④检：反省，检讨。

⑤惕厉：警惕激励。惕，警惕，戒惧。厉，磨砺，磨炼。

【精彩解说】

在晚辈年幼时就要对其进行有益的教导，培养他们坦荡的襟怀和正派的行为举止；在日常生活中，要时刻反省检讨自身的言行，不能没有忧患意识和自我督促、自我砥砺的修养功夫。

【智慧解析】

年幼的孩子，犹如一张白纸，一尘不染，纯洁无瑕。如果从这时开始进行有益的教导，孩子就容易形成正确的价值观和良好的品行。所以，教育孩子应从小抓起，从生活小事、一点一滴中抓起。为了给孩子树立榜样，大人必须时时自省。孔子说："吾日三省吾身。"凡是道德高尚的君子，都会时常反省自身的言行，一丝一毫都不敢懈怠。由此来看，时刻检讨自身，反躬自问，就能更好地约束自己，培养自己的品行。

第二则

原文

与朋友交游[1]，须将他好处[2]留心学来，方能受益；对圣贤言语，必要我平时照样行去，才算读书。

【字词注解】

①交游：结交朋友。

②好处：长处，优点。

【精彩解说】

与朋友结交，应观察他们的优点和长处，虚心学习，这样才能从中受益；对于古圣先贤的言辞，需要在生活中照着去做，才算是真正体味到了书中的教诲。

【智慧解析】

结交朋友，就要学习对方的优点和长处，弥补自身的不足。最好的朋友，应该互相指点，共同进步。所谓“近朱者赤，近墨者黑”，在结交朋友时，一定要选择品行优良、道德高尚的人；只有这样的朋友，才能使我们受益。读圣贤之书，不仅要深刻领悟圣贤的思想，更要在现实生活中用圣人之言约束自身的行为；只有这样才能真正起到读书明理的作用。

第三则

原文

贫无可奈惟[1]求俭，拙亦何妨[2]只要勤。

【字词注解】

①惟：只有。

②何妨：用反问的语气表示“不妨”。

【精彩解说】

穷到没有办法的时候，那就只有勤俭度日了；资质愚钝没有关系，只要肯勤奋学习，就能弥补不足。

【智慧解析】

贫穷、富贵都是人生常态。贫穷时，如果没有办法摆脱困境，就要放宽心，直面贫穷的现状，勤俭持家。所以，贫穷并不可怕，可怕的是没有勤俭的心。勤俭，是一种美德，更是一种难能可贵的恒心，恪守勤俭，终会拥有更好的生活。有的人天资聪颖，反之，也有人天资愚钝。天资聪颖者，切忌骄傲；天资愚钝者，谨防自卑。华罗庚曾说：“聪明出于勤奋，天才在于积累。”先天的不足可以依靠后天的努力弥补。勤能补拙，就是这个道理。

第四则

原文

稳当①话，却是平常话，所以听稳当话者不多；本分②人，即是快活人，无奈做本分人者甚少。

【字词注解】

①稳当：牢靠，妥当。

②本分：安于所处的地位和环境。

【精彩解说】

牢靠妥当的话，是最平常无奇的话，所以喜欢听牢靠话的人不多；安分守己的人，就是享受快乐的人，只可惜能够安于本分的人太少。

【智慧解析】

肯听实在话的人不多，是因为它不够动听，但动听的话，常常夹带着虚伪和夸饰。老子的《道德经》有云：“信言不美，美言不信；

善者不辩，辩者不善。”这就告诉我们，生活中不要光听溢美之词，要多听质朴之语、恳切之言。忙于追名逐利的人，得到的快乐并没有很多。相反，老实本分的人，更容易感受快乐，因为这类人知足。所谓知足常乐，就是这个道理。

第五则

原文

处事要代人作想，读书须切己①用功。

【字词注解】

①切己：自己切实地。

【精彩解说】

待人处事，要多为他人着想；读书学习，要自己实实在在地下功夫苦读。

【智慧解析】

待人处事，是一门很深的学问。在处事中，只有设身处地地为他人着想，才能理解对方，更好地与对方相处。读书没有捷径可走，只有踏踏实实地勤奋用功，才能获得丰富的知识。

第六则

原文

一“信”[1]字是立身[2]之本，所以人不可无也；一“恕”[3]字是接物[4]之要，所以终身可行也。

【字词注解】

①信：信用。

②立身：树立人格。

③恕：宽容，仁爱。

④接物：与人交往。

【精彩解说】

一个“信”字，是树立人格的根本，所以做人要讲信用；一个“恕”字，是与人交往最重要的品德，所以应终生奉行。

【智慧解析】

诚实守信、言而有信是做人的基本操守。生活中，要诚实守信，言出必行。《说文解字》解释“信”字条云：“人言也，人言则无不信者，故从言从人。”可见，所谓“信”就是人讲的话。这也就告诉我们：说出的话一定要遵守，万一不能遵守，也一定要解释缘由，求得谅解。“恕”就是宽容，用仁爱之心去包容体谅，这不仅能体现一个人心胸的广阔，也是构建良好人际关系的关键。

第七则

原文

人皆欲会说话，苏秦[1]乃因会说话而杀身；人皆欲多积财，石崇[2]乃因多积财而丧命。

【字词注解】

①苏秦（？—前317）：战国纵横家，东周洛阳（今属河南）人，字季子。有口才，善辞令。初游说秦惠王吞并天下，不纳，后游说燕、赵、韩、魏、齐、楚等国，合纵抗秦，佩六国相印，为纵约之长，使秦军十五年不敢出函谷关。后合纵之约为另一纵横家张仪所破，苏秦遂至齐为客卿，遭齐大夫嫉恨而被其派人刺杀。生平事迹见《史记·苏秦列传》。

②石崇（249—300）：晋朝著名富豪，南皮（今属河北）人。字季伦，历任散骑常侍、荆州刺史等职。曾劫掠远使客商，积攒钱财无数，在洛阳修金谷园，奢靡成风，与贵戚王恺、羊琇等以奢侈相尚，争富斗气。与潘岳、陆机、陆云等人号称“二十四友”。后在“八王之乱”中被孙秀借故杀死。其事见《晋书·石崇传》。

【精彩解说】

世人都希望自己善于言谈，但是战国时代的苏秦就是因为能言善辩，才招来杀身之祸；世人都希望能够积累丰厚财富，然而晋代的石崇就是因为太过富有且争富斗气，遭人忌妒，才死于非命的。

【智慧解析】

苏秦是战国时代著名的纵横家，他能言善辩，曾佩六国相印，风光一时，最后却落得悲剧结局。作者据此判断苏秦是因“会说话”而遭杀身之祸，告诫人们祸从口出，要慎言避祸。实际上作者并不是说有口才不是好事，只是强调立身要正，而且不要过分炫耀口才。作者的这种想法是有一定的借鉴意义的，但不能遇事一味隐忍不言，那样就会变成只懂回避的“乡愿之贼”。至于作者对西晋石崇的批评，则是颇有道理的。获得财富本身没有错，但是石崇的财富来路不正，他又太过骄奢淫逸，终于落得可悲下场。这告诉我们“君子爱财，取之有道”，不可放纵物欲，应将物质享受控制在适度的范围内。

第八则

原文

教小儿宜[1]严，严气[2]足以平躁气；待小人[3]宜敬，敬心[4]可以化邪心[5]。

【字词注解】

①宜：应当。

②严气：刚直严正之气。

③小人：心胸浅狭、人格卑鄙的人。

④敬心：尊重的心态。

⑤邪心：不正当的心思。

【精彩解说】

教育小孩，应该严格要求，因为刚直严正之气才能平复孩子心中的浮躁之气；对待心术不正的小人，应该采取尊重的态度，因为尊重的态度可以化解他们的不正之心。

【智慧解析】

小孩子好奇心强，注意力难以集中，时常心神不安，这就是躁气，要通过严格的教育培养其良好的习惯，为将来成才打下基础。小人心思邪僻，常挖空心思来害人，对这样的人，不能采取严厉的手段，而要采取感化的方法，用“敬”字诀。通过敬，唤醒对方的良知，使之弃恶从善。不过这种主张过于理想化了，对待小人还是要具体问题具体分析，一味“敬”之很难取得理想成效。

第九则

原文

善谋生者，但①令长幼内外②勤修恒业③，而不必富其家；善处事者，但就④是非可否审定章程⑤，而不必利于己。

【字词注解】

①但：仅。

②长幼内外：泛指男女尊卑长幼。

③恒业：固定的产业、职业。

④就：取向，接近。

⑤章程：程式，规定。

【精彩解说】

善于谋求生计的人，只是让家中男女老少都能勤奋地经营产业，而不是一味地去追求丰厚的资财。擅长处理各种事务的人，只是针对事情的对和不对、可行和不可行，制定合理的办事规则和程序，而不是一定要对自己有利。

【智慧解析】

人要想在社会立足，就需要与他人和谐相处，处理好各种关系。其中，对待财富的态度会直接影响人的人生态度。暴富导致挥霍，未必是好事，所以有远见的人不会刻意追求大富大贵，而是教导子孙有稳定的职业和收入，使家庭用度细水长流。善于处事的人，总是本着公正的态度，判断事情是否合乎情理，而不是从私利出发。这样的人自然能得到大家的尊敬。

第一〇则

原文

名利之不宜得者竟得之，福终为祸；困穷之最难耐者能耐之，苦定回甘。生资[1]之高在忠信，非关机巧[2]；学业之美在德行，不仅文章。

【字词注解】

①生资：资质，风度。

②机巧：机变取巧。

【精彩解说】

得到不该得的名声和利益，起初以为是幸运，但早晚会招致祸端；最难以忍耐的贫穷和困苦，若能挺过去，最后一定会苦尽甘来。人的资质高低，在于是否忠诚守信，不在于是否善于机变取巧；学业成就之美，在于德行是否高尚，不仅在于文章是否精彩。

【智慧解析】

虽然名利之心人皆有之，但“君子爱财，取之有道”。人应该用劳动换来自己应得的财富，如果贪求不义之财，表面上看是暂时得到福分，但最终会被人识破，名利皆失。天分的高低，主要是看其人是否忠诚守信，如果总是耍小聪明，设诡计使手段，一定不会对社会有什么益处。做学问也是如此，学业的精深，是为了用之于社会，如果用自己所学的知识来做危害社会的事，学问再好，也是一个无德之人。

第一则

原文

风俗日趋于奢淫[①]，靡所底止，安得有敦[②]古朴之君子[③]，力挽江河；人心日丧其廉耻，渐至消亡，安得有讲名节[④]之大人[⑤]，光争日月[⑥]。

【字词注解】

①奢淫：奢侈放纵。

②敦：淳厚，笃厚。

③君子：有才德的人。

④名节：名誉，节操。

⑤大人：德行高尚、志向高远的人。

⑥光争日月：可与日月争辉。

【精彩解说】

社会风气日渐趋向于奢侈放纵，耗费无度到了没有底线的程度，诚心希望出现像古代君子那样的淳朴笃实、品德高尚的人力挽狂澜；世人清廉知耻之心日趋沦丧，渐渐到了消亡的境地，衷心渴望出现有着崇高威望的伟人，像日月光辉一般普照世间。

【智慧解析】

如果一个社会世风日下，到处是炫富奢华、浪费钱财、不知节制的现象，奢侈淫靡的习气浸入了很多人的生活，人人毫无廉耻之心，那就离毁家亡国的厄运不远了。例如，商纣王荒淫无度，设酒池肉林，并滥杀无辜，最终亡国焚身。唐玄宗虽然开创了“开元盛世”，但最后还是因为不能持之以恒，在晚年放纵自己，任用奸邪之臣，最终导致“安史之乱”。我们应当以这些深刻的教训为戒，做一个道德高尚、注重名誉和讲究节操的人。

第一二则

原文

人心统[1]耳目官骸[2]，而于百体[3]为君，必随处见神明[4]之宰[5]；人面合眉眼鼻口，以成一字曰苦（两眉为草，眼横鼻直而下承口，乃苦字也），知终身无安逸之时。

【字词注解】

①统：统率，总管。

②官骸：五官和身体。

③百体：人体所有器官。

④神明：人的精神、心思明智如神。

⑤宰：主宰。

【精彩解说】

人心统管身体的一切，是身体的主宰，所以必须时刻保持明智如神的心思；人的脸上长着眉、眼、鼻、口，看上去像个“苦”字（两个眉毛像草字头，两眼为一横，鼻梁为竖，下面是口，这就像个“苦”字啊），由此可知，人只要活着，就难有安逸的日子。

【智慧解析】

古人受科学水平的限制，认为心是主宰，统领着躯骸。一个人是君子还是小人，主要取决于他的内心。如果一个人的心不纯正，言行就会有失规范，变得乖张。而拥有美好心灵的人，就会心胸坦荡，公正无私，处处为他人着想，为社会做更多的贡献。在实现人生价值的同时追求快乐和幸福，是人的本性；可人生的道路本来就崎岖不平，不会一帆风顺。这就要求我们在遇到困难和险阻的时候，不能退缩，要承担起本该属于自己的责任，以苦为乐，用自己的努力收获幸福和快乐。

第一三则

原文

伍子胥[①]报父兄之仇而郢都灭，申包胥[②]救君上之难而楚国存，可知人心之恃[③]也；秦始皇灭东周之岁而刘季生[④]，梁武帝灭南齐之年而侯景[⑤]降，可知天道好还[⑥]也。

【字词注解】

①伍子胥（？—前522）：春秋时期楚国人，名员。父、兄被楚平王杀害，他投奔吴国，发誓灭楚，和孙武共同辅佐吴王阖闾伐楚，五战之后攻破楚国都城，掘楚平王之墓，鞭尸三百以复仇。

②申包胥：春秋时期楚国大夫，曾与伍子胥交好。楚都被吴军攻破后，他在秦国痛哭了七天七夜，滴水不进，感动了秦王，出兵帮助楚国复国。

③恃：依靠，凭借。

④秦始皇灭东周之岁而刘季生：公元前256年，周代最后一位君主周赧王去世，秦昭襄王取走象征天子权力的九鼎，标志了周的灭亡。也正在这一年汉高祖刘邦降生。按，灭东周者为秦昭襄王，不是秦始皇，作者记载有误。刘季，即汉高祖刘邦，字季。

⑤侯景（503—552）：北魏怀朔镇（今内蒙古固阳东北）人，字

万景。初为权臣尔朱荣手下将领，后来归高欢。高欢死后，依附梁，被梁封为河南王。后来起兵叛乱，攻破建康，将梁武帝萧衍在台城困死。侯景自立，称汉帝。不久被陈霸先等击败，被部下所杀。

⑥天道好还：天理循环，报应不爽。

【精彩解说】

伍子胥发誓给父兄报仇，最终攻破了楚国的郢都；申包胥救楚王于危难而保全了楚国。由此可见，人的内心力量非常强大，是完全可以凭依的。秦昭襄王灭掉东周那一年，恰巧后来灭秦建汉的刘邦出生了；南朝梁武帝灭了南齐的那一年，后来反叛灭梁的侯景出生了。由此可知，天理自有公道，报应不爽。

【智慧解析】

事在人为，人的决心和意志是做成事情的先决条件。困难越大就越要克服畏惧的情绪，勇往直前，事情就会有转机，否则很难达成心愿。伍子胥灭楚、申包胥复楚，都是人心强大力量的体现。至于作者所说的秦灭东周刘邦生、梁灭齐侯景降世，不过是历史的巧合罢了，与所谓的“天道好还”并没有什么关系。影响一个政权盛衰的，往往是执政者能不能居安思危，是否在志得意满之后就骄纵放荡，奢侈淫靡。

第一四则

原文

有才必韬藏[①]，如浑金璞玉[②]，暗然[③]而日章[④]也；为学无间断，如流水行云，日进而不已[⑤]也。

【字词注解】

①韬藏：掩藏，深藏。

②浑金璞玉：天然美质，未加修饰，用来形容人的品质淳朴善良。

③暗然：昏暗的样子。

④章：显明。此义后常写作“彰”。

⑤已：停止。

【精彩解说】

有真才实学的人往往深藏不露，如同那未经冶炼的金和未经打磨的玉一般，虽不炫目，日久自会彰显光彩；做学问一定不能间断，就像那不息的流水与行云一般，每天都前进而丝毫不会停下脚步。

【智慧解析】

很多有才能的人，确实会由于充满自信而深藏不露，并逐渐展现出来，取得“不鸣则已，一鸣惊人”的效果；而那些只会夸夸其谈，没有真正才能的人，即使能蒙混一时，也终有败露的一天。而他们之所以爱夸夸其谈，常常是缺乏自信，乃至忍受不了治学之苦所致。治学不是一件容易的事，其中的各种辛苦只有做学问的人自己才真正有体会。它需要有坚持不懈的毅力和持久的恒心，不能畏难不前而半途而废。即使天资聪明的人，也要虚心学习，要有持久作战的思想准备和治学态度，这样才不会浪费自己的资质，从而学有所成。

第一五则

原文

积善之家，必有余庆[1]；积不善之家，必有余殃[2]。可知积善以遗子孙，其谋甚远也。贤而多财，则损其志；愚昧而多财，则益[3]其过。可知积财以遗子孙，其害无穷也。

【字词注解】

①余庆：遗留给子孙的恩泽、福荫。

②余殃：遗留给子孙的祸患。

③益：增加。

【精彩解说】

常年做善事的人家，必然会留给子孙德业恩泽；而多行不义的人家，留给子孙的必是无穷灾祸。由此可知，积德行善是为子孙留后福，是为子孙做长远打算。即便是贤能的人广聚了家财，也容易变得不思进取而耽于享受；而愚笨的人一旦拥有了很多的金钱，则更容易加重他的过失。由此可知，广积财富留给子孙，害处很大。

【智慧解析】

“积善之家，必有余庆；积不善之家，必有余殃”，这几句话并非古人的迂腐之论，而是有着一定的现实意义的。一个生前多行善举的人，受到他帮助和恩惠的人会感激他，敬仰他，自然就会对他的后代很友善。而生前不择手段、坏事做尽的人，他的那些不善之举可能会殃及他的后代，别人会把对他的不满和怨恨推及他的后代。先人留给后代的除了“积善”，还包括一定的物质财富。如果后代经不起财富的诱惑，不能以正确的态度对待它，这样就会给自己带来损害。所以，古人常常以此为戒，比起将大量的财富作为遗产留给后代，他们更重视将纯正善良、行善积德的美好品质传下去。

第一六则

原文

每见待弟子严厉者易至成德[①]，姑息[②]者多有败行，则父兄之教育所系[③]也。又见有弟子聪颖者忽入下流[④]，庸愚[⑤]者较为上达[⑥]，则父兄之培植[⑦]所关也。人品之不高，总为一“利”字看不破；学业之不进，总为一“懒”字丢不开。德足以感人，而以有德当[⑧]大权，其感尤速；财足以累己，而以有财处乱世，其累尤深。

【字词注解】

①成德：培养出有德行的人。

②姑息：无原则地宽容。

③系：关系。

④下流：品行卑劣，品德低下。

⑤庸愚：资质平庸。

⑥上达：上进。

⑦培植：培养，教育。

⑧当：担当，担任。

【精彩解说】

常常见到那些对子孙严格要求的人家，其子孙往往容易养成高贵的品德；而那些对子孙溺爱放纵的人家，其子孙往往道德败坏。因此，父兄长辈的教育至关重要。如果一个人的品行不高，那都是因为不能把一个“利”字看透；如果一个人的学习和事业总没有长进，那都是因一个“懒”字丢不开。崇高的品德足以感化他人，而品德高尚的人如能执掌高位而行使权威，感化他人便会特别容易，收效更快；富足的钱财只会拖累自己，而如果在乱世拥有巨额财富，那么这种拖累会更加深重。

【智慧解析】

孩子是未来的希望，对孩子的培养和教育，关系到一个家庭的兴衰和一个国家的未来，只有对孩子的培养和教育的方法得当，才会收到良好的效果。如果不注意教育，就容易使孩子养成不良的习性，成不了才。人的品行受先天和后天教育等多方面影响，是有高低之分的，品行高的人，淡泊名利，不做名利的奴隶；而品行低下的人，容易被名利束缚甚至无法自拔。勤奋的治学态度，也往往来自高品行的约束，其中的因果关系是不难理解的。至于作者最后对德与财的感叹，属于一时感悟、随笔写出，与前文无关，是富有历史经验的结论。

第一七则

原文

读书无论资性高低，但能勤学好问，凡事思一个所以然，自有义理[①]贯通[②]之日；立身不嫌家世贫贱，但能忠厚老成，所行无一毫苟且[③]处，便为乡党[④]仰望[⑤]之人。

【字词注解】

①义理：讲求儒家经义的学问。

②贯通：全部透彻地理解，通晓明白。

③苟且：得过且过，这里指不循礼法。

④乡党：周制，一万二千五百家为乡，五百家为党，后来泛指同乡、乡亲。

⑤仰望：敬仰期望。

【精彩解说】

读书是不论天资高低的，只要能勤学好问，遇到事想想原因，自然会有通晓人生道理的一天；在社会上立身处世，不嫌弃自己家境贫寒，只要忠厚老成，举止行为不违背道义准则，不做任何苟且之事，就一定会成为乡里敬仰的人物。

【智慧解析】

读书学习，不论资质的高低，只要肯下功夫，勤学好问，遇到问题能举一反三，就能做到融会贯通，取得成就，这就是“勤能补拙”的道理。而对于家境贫寒的人来说，只要为人处世诚信忠厚，老成练达，不做违背道义的事，就会得到别人的尊重和赞扬。这种重视学习与德行、看轻资质与出身的观念具有进步意义。

第一八则

原文

孔子何以恶[①]乡愿[②]，只为他[③]似忠似廉，无非假面孔；孔子何以弃鄙夫[④]，只因他[⑤]患得患失，尽是俗人心肠。

【字词注解】

①恶（wù）：厌恶，讨厌。

②乡愿：貌似谨厚，而实与流俗合污的伪善者。

③他：指乡愿。

④鄙夫：鄙陋浅薄的人。

⑤他：指鄙夫。

【精彩解说】

孔子为什么憎恶乡愿？就因为这些人看起来忠厚廉洁，但实际都是假面孔；孔子又为什么会嫌弃那些浅薄之徒？就因为这些人只看重自己的利益得失，全是锱铢必较的庸俗小人。

【智慧解析】

乡愿表面看是谦谦君子，以此赢得人们的好感，而内心却与流俗合污，获得名利的同时败坏了社会风气，因此孔子才说："乡愿，德之贼也。"所以我们平时应该提高警惕，多加防范，留心观察，不被乡愿的伪善面孔迷惑，更重要的是做一个表里如一的人。还有一种人，完全以自我为中心，只关注自己的得失。这种目光短浅的人，就是古人所说的"鄙夫"，难成大器。对于鄙夫，我们要做的就是尽量远离，避免沾染其习气。

第一九则

原文

打算[1]精明，自谓得计[2]，然败祖父之家声[3]者，必此人也；朴实浑厚，初无甚奇，然培子孙之元气[4]者，必此人也。

【字词注解】

①打算：考虑，计划。

②得计：计谋得逞。

③家声：家世的名声。

④元气：奋发图强的精神。

【精彩解说】

精打细算，以为自己的计谋得逞，但败坏祖上的美誉而招来骂名的，必定是这类人；朴实厚道，表面上看也许没有什么过人之处，但传递给子孙们奋发图强精神的却一定是他。

【智慧解析】

有一种人凡事精于为自己考虑，对金钱毫厘不让，锱铢必较，待人处事丝毫吃不得亏，这样貌似精明，实际上鸡肠寸肚，目光短浅，遇到大事往往糊涂，难以成器，还会落下不好的名声。而心地宽宏敦厚的人，不计较一时一事的得失，将心思用到对大事的把握上，可以说是大智若愚、大巧若拙，这样反而能把握住机会走向成功，这种气质还会影响儿孙，形成良好家风，泽及后人。所以古语说的是“忠厚传家久，诗书继世长”，而非“算计传家久，小气继世长”。

第二〇则

原文

心能辨是非，处事方能决断；人不忘廉耻，立身自不卑污[①]。

【字词注解】

①卑污：卑鄙肮脏。

【精彩解说】

心中能明辨是非，处理事情才会坚决果断；做人能不忘廉耻，树立的人格自然不会卑鄙肮脏。

【智慧解析】

一个明辨是非曲直的人，知道哪些事该做，哪些事不该做。养成明辨是非的好习惯，做事就不会瞻前顾后，可以及时准确地判断事态的性质。如果一个人做不到明辨是非，但是只要有一颗不忘廉耻的心，就有了立身处世的准则，就会时刻注意自己的言行是否符合道义，这样就不会做出有违常理的事了。如果突破这个底线，就很容易堕入“卑污”的深渊。

第二一则

原文

忠有愚忠[1]，孝有愚孝[2]，可知“忠孝”二字，不是伶俐人做得来；仁有假仁，义有假义，可知仁义两行[3]，不无奸恶人藏其内。

【字词注解】

①愚忠：不明事理地尽忠。

②愚孝：不明事理地尽孝。

③两行：两种道路。

【精彩解说】

忠诚到了盲从的地步，就是愚忠；孝顺到了愚昧的地步，就是愚孝。由此可见，忠诚、孝顺，并不是那些所谓聪明伶俐的人能做到的。同样，仁义也有虚假的。由此可知，仁义在不同的人心中有两种完全不同的答案，那些“仁义”之士中，也藏有奸诈狡猾之人。

【智慧解析】

忠、孝、仁、义，是我国古代伦理道德的基础，同时也是社会伦理的道德标准，但它们却成为一些人换取名利的“终南捷径”。因此，违背人之常情的愚忠与愚孝出现了，加之统治者别有用心的宣扬，社会风气变得畸形；假仁假义也出现了，仁义成为这些人藏污纳垢的口实。因此，作者痛心疾首地呼吁，不要让忠、孝、仁、义成为善于投机的“伶俐人”“奸恶人”的工具。对于普通人来说，学会辨明虚伪之举，避免成为“伶俐人”“奸恶人”的棋子，也是一种不可或缺的能力。

第二二则

原文

权势之徒，虽至亲亦作威福[①]，岂知烟云过眼[②]，已立见其消亡；奸邪之辈，即平地亦起风波[③]，岂知神鬼有灵，不肯听其颠倒[④]。

【字词注解】

①作威福：作威作福。形容当权者妄自尊大，滥用权势，横行霸道。

②烟云过眼：像烟云在眼前一晃而过。比喻事物很快就成为过去。也比喻身外之物，不必重视。

③平地亦起风波：比喻发生意外事故。此处指无端生事。

④颠倒：上下倒置，比喻对一般事物的错置。

【精彩解说】

那些喜欢玩弄权术的人，即使面对最亲近的人也要作威作福，滥用权势，却不知权势就像飘浮的烟云，转瞬即逝，不留痕迹；奸猾淫邪之徒，即使平安无事，也要惹是生非，却不知鬼神在天有灵，不会听任他颠倒黑白，混淆是非。

【智慧解析】

古人笃信“善恶有报”，认为恶人总会遭到恶报，善人虽然眼下吃亏，但总有一天会得到福报。这种想法被很多事实证明，但并非恒定不变的，大量事实证明逃脱恶报的坏人也不在少数。于是，古人又开始寄托鬼神，希望“举头三尺有神明”，能够洞察恶人的行迹，并在时机成熟时给予其惩罚。这在某种意义上是一种无奈之举。我们知道，现实不会总尽如人意，我们要做的是不让自己变成恶人，并用各种方式，特别是法律武器，避免自己被恶人侵害。

第二三则

原文

自家富贵，不着意里①，人家富贵，不着眼里②，此是何等胸襟！古人忠孝，不离心头，今人忠孝，不离口头，此是何等志量③！

【字词注解】

①不着意里：不放在心上，不炫耀。

②不着眼里：不眼热，不忌妒。

③志量：志向和气量，指一个人的胸怀。

【精彩解说】

自己家里富贵了，并不把它放在心上，更不刻意炫耀，别人家里富贵了，并不把它看在眼里而心生忌妒，这是多么宽广的胸怀！古人忠孝的事迹，时刻挂记在心头，在实践中效仿，今人忠孝的事迹，在口头时时提起，这又是何等的气度！

【智慧解析】

这一则中，作者对宽广的胸怀做了不遗余力的推崇。他告诉我们对待自己或者他人的富贵，都要保持一种淡然的心态，如此，生活中就会避免很多烦恼；另外，宽广的心胸也有助于培养良好的道德修养。作者对古人及今人的忠孝行为都深为赞赏，认为其能让自己的精神修养在潜移默化中得到提升。

第二四则

原文

王者不令人放生，而无故却不杀生，则物命可惜也；圣人不责人无过，惟多方诱之改过，庶[①]人心可回也。

【字词注解】

①庶：差不多。

【精彩解说】

明君虽然不命令人们去放生，但也不会无故地戕害人命，这表明世间所有的生命都是值得珍惜的；圣人不苛求别人毫无过错，只是会用各种方法引导人们改正错误，这样人心就可以回转向善。

【智慧解析】

君王想提倡尊重生命，要做的不是强令人民去放生，而是以自己爱惜生灵的言行做百姓的表率，自上而下地做出引导。除了榜样的力量，还需要教育。“人非圣贤，孰能无过？知过能改，善莫大焉。”孔子这样以教化民众为己任的圣人，并不求全责备，要求人们做一个不犯错误的完人，而是引导众人及时改过，少犯错误。能够及时改过的人，也是品德高尚的人。

第二五则

原文

大丈夫处事，论是非，不论祸福；士君子[①]立言[②]，贵平正[③]，尤贵精详[④]。

【字词注解】

①士君子：旧指有节操、有学问的人。

②立言：著书立说。

③平正：公正，不偏颇。

④精详：精细周详。

【精彩解说】

大丈夫处理事情，只问做得对还是不对，而不会考虑这样做给个人带来的是祸还是福；有气节的君子著书立说，贵在有公平正直之心，如果能精细详尽，那就更为可贵了。

【智慧解析】

出于公正之心，才能有正确的是非标准。如果从一己私利出发，只依据对自己有利还是有害来处理事情，就会带入自己的主观偏见，对的事情会违心地说错，错误的事情会昧着良心说对，如此就成了极端自私自利的小人，与大丈夫的气度相去甚远。君子立论一定要公平正直，如果能有精当翔实的材料加以说明，则更能增加说服力和感染力，言重千钧。所以黄庭坚说："古之能为文章者，真能陶冶万物，虽取古人之陈言入于翰墨，如灵丹一粒，点铁成金也。"

第二六则

原文

求科名[1]之心者，未必有琴书之乐；讲性命之学[2]者，不可无经济之才。

【字词注解】

①科名：原指科举的名目。此处指科举考取的功名。

②性命之学：讲究生命形而上境界的学问。

【精彩解说】

一心求取功名的人，可能无法享受琴棋书画的乐趣；讲求生命形而上境界的学者，不能没有经世济民的才能。

【智慧解析】

人如果一心想做官，追求富贵荣华的生活，必定将身心都投在追逐名利之中，哪里懂得什么才是真正的乐趣。如果官员一心追求琴棋书画等闲趣，那就容易成为尸位素餐之人。可见，二者是难以兼得的。真正的修行也不在离群索居，追求生命最高境界的人，一定要立足于人间，发挥经世济民的才干，才能言行一致，而不致沦为夸夸其谈的人。

第二七则

原文

泼妇之啼哭怒骂，伎俩[1]要亦无多，惟静而镇之，则自止矣；谗人之簸弄[2]挑唆，情形虽若甚迫，苟淡然置之，是自消矣。

【字词注解】

①伎俩：原指技能，现多用于贬义，指手段、花样。

②簸弄：造谣生事。

【精彩解说】

泼妇的哭闹怒骂，来来去去不过就是那几招，只要镇定自若，不加理会，她们自讨没趣自然就会停下来了；好飞短流长、说人坏话的人，总是在搬弄是非，挑拨离间，其情形看起来令人很窘迫，但如果能淡然处之，流言蜚语自然就消弭无形了。

【智慧解析】

“秀才遇到兵，有理讲不清”，我们常会遇到一些不可理喻的人，不去理会是最好的处理方式。而对待那些搬弄是非的小人，如果能不将利害放在心上，相信“清者自清，浊者自浊”，则一切会有水落石出的一天。

第二八则

原文

肯救人坑坎[1]中，便是活菩萨[2]；能脱身牢笼外，便是大英雄。

【字词注解】

①坑坎：坎坷不平的道路，这里引申为艰难困苦的境遇。

②菩萨：梵语“菩提萨埵”的简称，汉语译为“觉有情”。这里比喻心地善良，能解救别人急难的人。

【精彩解说】

肯尽心尽力救助陷于苦难中的人，便如同菩萨再世；能不受世俗人情的束缚，超然俗事之外，便可以称之为大英雄。

【智慧解析】

这一则中，作者将儒、释两家的思想融会贯通，为读者展示了一个思想达到完美境界的人是如何对待他人和自己的内心的：对待他人，他能够急人所急，雪中送炭，竭尽全力救人于水火之中；对待自己，他能够超脱功利之心，跳出欲望的牢笼。这样的人，既能为社会做出贡献，又不会让自己被世俗牵绊，保持本心。虽然达到这样的境界很难，但我们很有必要以其为目标。

第二九则

原文

气性①乖张②，多是夭亡③之子；语言深刻④，终为薄福之人。

【字词注解】

①气性：气质性情。

②乖张：性情执拗。

③夭亡：早死，未成年而死。

④深刻：尖酸苛刻。

【精彩解说】

脾气性情怪僻、执拗的人，多半是短命之人；言谈话语过于尖酸刻薄的人，终究也是福分浅薄的人。

【智慧解析】

脾气古怪、执拗或是蛮横的人，不但容易得罪人，而且也可能在冲动之下做出损人又不利己的事，作者更是夸张地形容这样的人是“夭亡之子”。讲话总是过于尖酸刻薄的人，往往活得十分辛苦，什么事情都放不下，倒不如一些凡事不计较的人过得幸福，因为他们心无挂碍，自由自在。

第三〇则

原文

志不可不高，志不高，则同流合污，无足有为矣；心不可太大，心太大，则舍近图远①，难期有成矣。

【字词注解】

①舍近图远：只想图谋远大的目标，而对眼前可完成的事不屑一顾。

【精彩解说】

人的志气不能不高远，志气不高远，就容易随波逐流，不会有什么大的作为；人的野心不能太大，野心太大，就会放弃切实可行的实事而去追逐遥不可及的目标，这就很难有什么真正的成就了。

【智慧解析】

“有志不在年高，无志空活百年”，有眼光、有志向的人，才可能抓住每一个转瞬即逝的机会，从而有所作为。当然，空有志向却盲目追求不切实际的目标，也容易变得无的放矢，不断做一些无用功，最终一事无成。可见人不能缺乏志向，同时也要脚踏实地。

第三一则

原文

贫贱非辱，贫贱而谄[①]求于人为辱；富贵非荣，富贵而利济于世[②]为荣。讲大经纶，只是实实落落；有真学问，决不怪怪奇奇。

【字词注解】

①谄：奉承，献媚。

②利济于世：有益于世，造福于世。

【精彩解说】

贫穷与地位卑微并不可耻，因贫穷势弱而去谄媚奉承别人，卑微地求得施舍，才可耻；有巨大财富和很高的地位，也不是什么荣耀的事，但是有了财富和地位后乐于以此帮助他人，却是很光荣的事。讲求大的学问和道理，必然明白实在；真正有学问的人，绝不会故弄玄虚。

【智慧解析】

这一则再次重点讨论了贫穷与富贵的关系。在作者眼里，追求财富并不是错，但要做到贫而不谄、富而不骄，始终将社会责任感放在心头。如此，无论是贫是富，都能够实现自己的人生价值。同时，贫穷不能丧失志气，富贵不能得意忘形，都要努力提升自己的见识和学问，而且应该掌握那些务实的见识和学问，而不能一味求新求奇乃至哗众取宠，那样反而会一无所获。

第三二则

原文

古人比父子为桥梓[①]，比兄弟为花萼[②]，比朋友为芝兰[③]，敦伦[④]者，当即物穷理[⑤]也；今人称诸生曰秀才，称贡生曰明经，称举人曰孝廉，为士者，当顾名思义也。

【字词注解】

①桥梓：又作“乔梓”，此处用来比喻父子关系。乔、梓，均为木名。乔，即乔木，是一种木本植物，长得高大挺拔。梓，是一种枝干相对矮小而轻软的落叶乔木。

②花萼：花的组成部分，由若干萼片组成，包在花瓣外面，花开时托着花冠，简称“萼”。

③芝兰：香草名，喻朋友。

④敦伦：原指古代婚礼的一个环节。这里指的是敦睦人伦。

⑤即物穷理：根据具体事物推究其道理，是程朱理学的重要内容。

【精彩解说】

古人把父子比喻为乔木和梓木，把兄弟比为花与萼，把朋友比为芝兰香草，因此，讲求人伦关系的人，应由天下万物之理推知世间人伦之理；现在的人称读书人为“秀才”，称被举荐入太学的生员为“明经”，又称举人为“孝廉”。读书人可以从这些名称中，明白一些道理。

【智慧解析】

古人的生活更贴近自然，所以常以自然界的事物比喻事理规律。乔梓、花萼、芝兰都是自然之物，古人融入自然，体察其中的深刻内涵，让人更能体会到人伦事理的深刻意义。秀才、明经和孝廉，原本是古时选拔人才的科目，虽然随着时代的变化，有些科目不再设立了，但后来人们仍然称诸生为“秀才”，称贡生为“明经”，称举人为“孝廉”。“秀才”是指学有所成的读书人，“明经”则是指通晓经典中的义理，而“孝廉”则是源于汉代时选拔孝顺、清廉的人做官，以激励人们培养美好的品德。可见，读书人应该仔细思考这些头衔背后的含义，不要辜负了功名的本义。

第三三则

原文

父兄有善行，子弟学之或不肖[①]；父兄有恶行，子弟学之则无不肖；可知父兄教子弟，必正其身以率[②]之，无庸[③]徒事言词[④]也。君子有过行，小人嫉之不能容；君子无过行，小人嫉之亦不能容；可知君子处小人，必平其气以待之，不可稍形激切[⑤]也。

【字词注解】

①不肖：子不像父，不相似。

②率：做榜样，做表率。

③无庸：不需要，不用。

④徒事言词：仅仅使用言辞。

⑤激切：激烈直率。

【精彩解说】

父辈或兄长们有好的行为，那些子弟后辈也许想学习这些好行为，却学不像；而父辈或兄长们一旦有不好的行为，那些子弟却学得非常快；由此可知，做父辈或兄长的人教诲子弟后辈，一定要以身作则，为他们做好表率，不能只是口头说说而已。有道德的正人君子，如果行为有过失，忌妒他的小人便会以此作为攻击的借口；有道德的正人君子，如果行为完美，没有过失，小人也会因忌妒之心更不能容忍；由此可见，君子和小人相处，一定要平复自己的情绪，平心静气地对待他们，不能有任何急躁的举动。

【智慧解析】

《论语》中说："其身正，不令而行；其身不正，虽令不从。"可见，只有以身作则，才能为子弟树立良好的榜样，督促他们趁着年少发奋勤学，成为有用的人才，而不会成为小人。作者告诫子弟与小人相处时必须时刻谨慎。小人大多心胸狭隘，容易忌妒别人，见不得别人比自己优秀。所以，君子与小人相处时应保持心平气和，不去招惹小人。这里强调处世的圆滑，但做不好就会沦为伪君子，也是值得警惕的。

第三四则

原文

守身①不敢妄为，恐贻②羞于父母；创业还需深虑，恐贻害于子孙。

【字词注解】

①守身：爱护自己的身体和节操。

②贻：遗留。

【精彩解说】

一个人谨守自己的行为而不敢胡作非为，是怕因为自己而使父母蒙羞；在创立事业之前，要深思熟虑，以免因为自己在事业上做出错误的选择，而使子孙后代受到影响。

【智慧解析】

一个人无论是什么社会身份，都是家庭的一员，做事就要考虑到对家人的影响。有德行的人不胡作非为，洁身自好，高度自律，这是因为他们看重美好的名声，怕因为自己的不当之举使父母和家族蒙羞。这就是儒家强调“齐家”的重要原因。想创立一番事业当然是好事，但需要谨慎思考，制订周密的计划，切不可贸然行事。因为在创业之初，一切都需要摸索，事务琐碎，千头万绪，存在巨大风险。如果运作失误致使创业失败，不但会使自己遭受重大的打击，使家庭受到影响，连子孙也会跟着受牵连。

第三五则

原文

无论做何等人，总不可有势利气；无论习何等业，总不可有粗浮心。

【精彩解说】

无论做什么样的人，都不能有势利的习气；无论从事什么样的职业，都不能有轻浮急躁的心思。

【智慧解析】

做人最忌讳“看人下菜碟”，即根据财富、地位等对他人区别对待，但这却恰恰是很多人的通病。待人不可太势利，一旦虚伪逐利的本质被人识破，轻者遭人唾弃，重者再无立足之地。“不可势利”说的是人性，而“不可粗浮”说的是处事态度。无论从事什么职业，不管是自己有兴趣去做的，还是被动去做的，只有勤谨恪勉，一步一个脚印地实干，才能有所成就；如果莽撞行事，就会出现失误。

第三六则

原文

知道自家是何等身份①，则不敢虚骄矣；想到他日是那样下场，则可以发愤矣。

【字词注解】

①身份：原指人在社会上的地位、资历等，此处表示一个人的能力和素质。

【精彩解说】

了解自己是什么资质，就不敢虚浮骄傲；想一想虚度年华到将来会落得怎样的下场，就应该从此发奋努力了。

【智慧解析】

人对自己若是没有清楚的认知，就容易虚浮骄傲。带着这样的心态做事，不仅容易得罪人，而且容易得意忘形，导致失败。人想要有所作为就一定要付出努力。发愤图强的人，终能成就一番事业。如果一个人做事不够努力，庸庸碌碌，只能是白白浪费光阴，虚度一生。

第三七则

原文

常人突遭祸患，可决其再兴，心动于警励[①]也；大家[②]渐及消亡，难期其复振，势成于因循[③]也。

【字词注解】

①警励：告诫勉励。

②大家：此处指高门贵族，大户人家。

③因循：沿袭，保守。

【精彩解说】

寻常人家突然遭遇灾祸，能立志奋发，努力战胜灾难忧患，以图东山再起，这是因为他们在心中不断地提醒和激励自己不要丧失信心；高门贵族逐渐走向灭亡的时候，是很难再指望这些人重新振作了。因为，他们惯于沿袭现状，因循守旧，难以改变。

【智慧解析】

俗话说："富不过三代，穷不过三代。"寒门小户处贫困之中而思崛起，即使遭遇祸患，损失的也小，总能因"船小好掉头"，再图发家。而许多豪门望族在昌盛后常常安于现状，因循守旧，不思进取，奢靡成风，滋生祸端，最后家道中落，一蹶不振。因此，要想家族兴盛不衰，就要明白"逸豫可以亡身"的道理。

第三八则

原文

天地无穷期[1]，生命则有穷期，去一日便少一日；富贵有定数[2]，学问则无定数，求一分便得一分。

【字词注解】

①穷期：尽期，完结的时候。

②定数：气数，命运。宿命论认为国家的兴亡、人世的祸福皆由天命或某种不可知的力量所决定，因称为“定数”。

【精彩解说】

天地万物永恒存在，没有结束的时候，而人的生命却有终点，过去一天，生命就减少一天；财富和地位是命中注定的，而学问的多少却与命运无关，认真地钻研学问，多下一点儿功夫，就多一点儿收获。

【智慧解析】

“吾生也有涯，而知也无涯。”纵使彭祖活到八百岁，世人也只知他长寿而已；孔子虽然只活了七十三岁，却成为中国的“文圣”。即便孔子在世时已经被视为学问最好的人，他仍始终认为“三人行，必有我师”，活到老，学到老。虽说生命有限，但学海却无边无涯；因此我们应抓紧一切时间，充实自己。

第三九则

原文

处事有何定凭？但求此心过得去；立业[1]无论大小，总要此身做得来。

【字词注解】

①立业：创立事业。

【精彩解说】

待人处事有什么固定的依据呢？只要做到问心无愧就行了；创业不一定要说什么大小，一定要根据自己的能力来选择，只要适合自己就行。

【智慧解析】

事物都在不断地变化和发展，处理事情的方法也没有固定的标准，但有一点却是不变的，那就是做事要符合正道，出于良心，这样才能服人。建立功业不论大小，都要从自己的兴趣、爱好、能力出发，符合自身的条件。如果目标太高，自己的能力又差得太远，经过努力也不能做到，那就难以取得成功；如果目标太低，很容易实现，也不能使自己的能力得到充分发挥。

第四〇则

原文

气性[1]不和平，则文章事功[2]俱无足取；语言多矫饰[3]，则人品心术尽属可疑。

【字词注解】

①气性：性情，气质。

②文章事功：学问和事业的成就。

③矫饰：故意做作而掩盖本来面目。

【精彩解说】

如果一个人待人处事不能心平气和，那么无论是做学问还是立功业，都不会有值得人赞颂的地方；如果一个人言语故意做作，虚伪不实，那么这个人的品德及心性就令人怀疑。

【智慧解析】

性情对人的影响是极大的。心平气和是一种境界，拿得起，放得下，不急功近利，也不无所事事，这样的人做事才容易成功。讲话浮夸的人，矫揉造作的人，让人觉得华而不实，很容易对其人品产生怀疑。一个内心质朴善良的人，他所说的话势必平实可靠、口心一致。也只有这样的人，才能受人尊敬、立业安身。总体上说，作者的保身哲学一味求平和，忽略了人生的更高追求，我们不能不加甄别地全盘接受。

第四一则

原文

误用聪明，何若一生守拙①；滥②交朋友，不如终日读书。

【字词注解】

①守拙：安于愚拙，不学巧伪，不争名利。陶潜《归园田居》诗之一有“开荒南野际，守拙归园田”句。

②滥：不加选择，过度。

【精彩解说】

聪明用在了不正确的地方，不如一辈子谨守愚拙；不加筛选地结交朋友，不如整天闭门读书。

【智慧解析】

天资聪明是可贵的禀赋，但聪明用得不是地方，就会“聪明反被聪明误”，还不如那些朴实踏实的人做好力所能及的事。这就是“勤能补拙”的道理。交友是人生的需要，也是人求知成才、立业成事不可或缺的条件。古人云：“独学无友，则孤陋寡闻。”然而，“君子择交而友”，若交到恶友则有百害而无一利。

第四二则

原文

看书须放开眼孔[1]，做人要立定脚跟。

【字词注解】

①放开眼孔：比喻放开眼界、心胸。

【精彩解说】

读书须放开眼界，舒展心胸；做人要站稳立场，把握原则。

【智慧解析】

看书不只要用“肉眼”，更要用“心眼”。放开眼界，开阔心胸，是读书明理的通幽之道。如果只想在书中看到与自己观点一致的内容，容不下任何不同观点，怎么会有进步呢？接下来作者由读书联想到做人，认为做人要立定脚跟，立定的不是形体的定根，而是心中的定根；也就是做人处事，必须坚定自己心中的信念，坚持原则，站稳立场，不违初衷。

第四三则

原文

严[①]近乎矜[②]，然严是正气，矜是乖气[③]，故持身[④]贵严，而不可矜。谦似乎谄，然谦是虚心，谄是媚心，故处世贵谦，而不可谄。

【字词注解】

①严：严谨，庄重。

②矜：骄傲自大。

③乖气：邪恶之气，不正之气。

④持身：立身处世，对自身言行的把握。

【精彩解说】

严谨和矜持看起来相似，然而严谨是正直之气所使然，矜持却是一种乖僻的习气，所以修身律己要严谨庄重而不要骄傲自大。谦恭和谄媚看起来相似，然而谦恭是虚心待人，谄媚却是讨好于人，所以处世应该谦恭而不可谄媚。

【智慧解析】

吕新吾在《呻吟语》中说："士气不可无，傲气不可有。"这里的士气，也就是这一则中所说的"严"，是一种自尊、自重、庄严、正直之气。而《呻吟语》里所说的傲气则可以类比这一则中的"矜"，是指目空一切、夜郎自大、盛气凌人之气。为人处事贵严，能够认清自己的地位、职责和使命，始终遵守正道，洁身自好，不会趋炎附势，也不会拒人于千里之外；陷入矜的泥潭，则无自知之明，蛮横骄纵，我行我素。严与矜是外在表现，谦与谄则是内心表现。谦虚者往往不喜欢将自己的成绩挂在嘴上，对别人的长处和业绩却是赞不绝口。谄媚者对别人奉承讨好，尽说好话，而自己则装作一副谦和的模样。表现上看，两者确实有相似之处。但是，谦虚是由衷地待人有礼，是对别人的真心赞许；而谄媚则是别有用心、虚伪矫饰的，他们可能表面上在恭维你，内心却在想着能从你这里得到什么好处，甚至在算计着你。可见，要做一个正人君子，不可有谄媚之心，也不可无谦虚之态。

第四四则

原文

财不患[1]其不得，患财得而不能善用其财；禄[2]不患其不来，患禄来而不能无愧其禄。

【字词注解】

①患：担心，忧虑。

②禄：古时官吏的俸禄。

【精彩解说】

不要担心得不到钱财，而应该担心得到钱财后不能好好地使用；不要忧虑官禄不来，只怕官禄降临而有愧于它。

【智慧解析】

这一则再次对“君子爱财，取之有道”进行了另一个角度的解读。人生离不开对财富的需求，但为了积累财富而刻意去追求，就会成为财富的奴隶。可见财富是一把双刃剑，运用得好，会让财富为社会、为人类的生存发展服务；运用失当，反而会因财而丧命。财富是百姓辛勤创造的，俸禄是老百姓的血汗钱，所以做官就要为民做主谋福，如果做官后不理民事，甚至碌碌无为，那就愧对了那份俸禄。

第四五则

原文

交朋友增体面[1]，不如交朋友益身心；教子弟求显荣[2]，不如教子弟立品行。

【字词注解】

①体面：面子。

②显荣：显达荣耀。

【精彩解说】

交朋友如果是为了脸上有光，不如交一些真正的朋友以有益身心；教自己的孩子追求荣华富贵，不如教他们做人应有的品格、行为。

【智慧解析】

人之相交，贵在相知。“面子一张皮，不着真心处”，交朋友如果是为了自己更有面子，那么他只能是“一张皮”而已。古人说得好，“人生难得一知己”，若能交上几个“患难时刻能够与共，闲来把酒可论古今”的朋友，倒是人生一大乐事，也能够对自己的事业、人生有所助益。对子女的教育也是如此，应着重于培养他们立身为人的品格，而不是教育孩子去追求荣华富贵，以供自己在人前夸耀。要告诉子女，想得到真正属于自己的幸福，只有自己去拼搏，去争取，前提是“立品行”，即使最后没能获得荣华富贵，也不失为一个高尚的人。

第四六则

原文

君子存心[1]，但凭忠信，而妇孺皆敬之如神，所以君子落得[2]为君子；小人处世，尽设机关[3]，而乡党皆避之若鬼，所以小人枉做了小人。

【字词注解】

①存心：居心，心地。

②落得：乐得，甘于去做。

③机关：计谋，心机。

【精彩解说】

君子做事，应该以忠诚信实为出发点，这样妇人小孩都会如同敬重神明一般敬重他，所以君子甘于去做君子；小人做事，到处算计，人人都对其退避三舍，所以小人白白做了小人。

【智慧解析】

君子，指品格高尚、才学出众的人；小人，即品性卑劣、见识浅薄的人。君子能谨守义礼，以忠信待人；小人却只顾眼前小利，苛求他人。君子乐于帮助别人，成全好事，不助长别人的错误；小人却是处处费尽心机，不顾他人死活，自私自利。正因为这种分别，君子能得到大家的信任与敬重，而小人费尽心机算计，到头来，只落得个众叛亲离。

第四七则

原文

求个良心管①我，留些余地处人。

【字词注解】

①管：约束。

【精彩解说】

做人要讲良心，并以此来约束自己的行为；留一些退路给别人，使别人也有容身之处。

【智慧解析】

天地之大，立身不易；但人只要有一颗“良心”，时时管住自己，则可任凭外界如何诱惑，我自岿然不动。这是对自己的从严要求，对待他人则要从宽。“人非圣贤，孰能无过？”我们每个人都难免有犯错的时候。因此，对待他人的过失应该有一颗宽容之心，对他人宽容，他人才会对我们宽容；留些余地于他人，他人自会留些余地于我们。人人都有这种博大宽容的胸怀，那人际关系就会和谐得多。

第四八则

原文

一言足以召①大祸，故古人守口如瓶，惟恐其覆坠②也；一行足以玷终身，故古人饬躬若璧③，惟恐有瑕疵也。

【字词注解】

①召：招惹，通“招”。

②覆坠：倾覆，衰败。

③饬躬若璧：自我修养如白璧无瑕，毫无污点。饬躬，正己，正身。

【精彩解说】

一句不谨慎的话足以招来大祸，所以古人言谈十分谨慎，以免招来杀身毁家之灾；一件错事足以玷污一生的名节。所以，古人守身如玉，唯恐做错事玷污自己的名声。

【智慧解析】

“言行者，立身之基。”人之为人，其言其行不可不谨慎。中国历史上，因出言不慎而遭贬谪放逐，甚至杀头灭族的屡见不鲜。所以古人才反复强调“慎言”，避免“祸从口出”。当然，“慎言”并不是什么都不说，而是不要不分场合、不择时机地大放厥词。作者强调要谨慎的不仅有言，还有行。真正以古之君子的标准要求自己的人，做事会光明磊落，避免让自己的名声染上污点。因此，必须时刻牢记“三思而后行”的古训，避免小的疏忽酿成无法挽回的过错，抱憾终生。

第四九则

原文

颜子之不较[1]，孟子之自反[2]，是贤人处横逆[3]之方；子贡之无谄[4]，原思[5]之坐弦[6]，是贤人守贫穷之法。

【字词注解】

①颜子之不较：颜回胸怀宽广，不计较。颜回（前521—前481），字子渊，春秋时期鲁国（今山东曲阜）人，生活贫困但非常好学，是孔子最得意的弟子。他为人“不迁怒，不贰过”，是后人眼中君子的象征。

②孟子之自反：孟子常自我反省。孟子（约前372—前289），名轲，字子舆，战国时期邹国（今山东邹城）人，儒家代表人物，有“亚圣”之称，代表作为《孟子》，其中强调“君子必自反也”“自反而缩，虽千万人，吾往矣”等，认为君子必须善于自我反省。

③横逆：横暴无理的行为。

④子贡之无谄：子贡不谄媚。子贡（前520—前456），姓端木，名赐，字子贡，才思敏捷，善于辞令，是孔子的得意弟子之一。子贡曾问孔子：“贫而无谄，富而无骄，何如？”

⑤原思（约前515—？）：春秋时期鲁国人，一说宋国人。字子思，又有原宪、仲宪之称。孔子的弟子，在孔子去世后隐居卫国，生活困苦但安贫乐道。事迹见《史记·仲尼弟子列传》。

⑥坐弦：安坐弹琴。

【精彩解说】

被蛮横无理的人冒犯时，颜渊不与人计较，孟子则常常反省自己是否有过失，这是贤人在遇到蛮横不讲理之人时的应对之道；子贡说贫寒时不向富人献谄取媚，子思则安贫乐道，以弹琴自得其乐，这些都是贤人对待贫困的方法。

【智慧解析】

“秀才遇到兵，有理说不清”，当遇到不明事理、强横霸道之人，如果以牙还牙，很可能带来些麻烦。因此，可向颜回学习，不计较一些不触及底线的冒犯。不仅如此，还要在一定程度上自我反省，避免以后再次陷入类似事件。以上是君子如何“处难”。更大的问题是如何“处贫”。贫贱时能守能乐，才是贤者的风范。当然，贫而能守，贫而能乐，并不是要人们消极地安于贫困，喜好贫困，而是要面对现实，乐观进取，用自己的辛勤劳动和奋发精神战胜贫困，创造美好的生活。

第五〇则

原文

观朱霞①，悟其明丽；观白云，悟其卷舒②；观山岳，悟其灵奇③；观河海，悟其浩瀚；则俯仰间皆文章也。对绿竹，得其虚心；对黄华④，得其晚节⑤；对松柏，得其本性⑥；对芝兰⑦，得其幽芳；则游览处皆师友也。

【字词注解】

①朱霞：红色云霞。

②卷舒：卷曲舒展。

③灵奇：奇异秀丽。

④黄华：菊花。

⑤晚节：晚年的节操。

⑥本性：固有的性质或个性。

⑦芝兰：芝和兰，都是香草名。

【精彩解说】

观赏灿烂的红霞，可以领悟到它的明艳美丽；观赏天空飘浮的白云，能领悟它的自由卷舒；观赏高山雄峰，也能领悟它的奇异秀丽；

观赏大河与大海，领悟其博大宽广的胸怀；天地之间，细心仰观俯察，到处都是好文章。面对竹子，可品味它的虚心有节；面对菊花，能学习其身处秋风中的高风亮节；面对苍松翠柏，可品味其傲然不屈的性格；面对芝兰香草，能学习其芬芳幽远的品格；从这里可以看出，在游览观赏中，处处都有供我们学习借鉴的地方。

【智慧解析】

“仁者乐山，智者乐水”，古人对天地间的一草一木都充满感情，并找到了可资借鉴的地方。处处留心皆学问，良师益友在身边。人生的真谛，就在平凡生活之中。自然本身就是一部博大的百科全书，只要用心体察，每个人都能从中有所收获。认真对待和珍惜生活，用心体会万物一体的生命境界，才能悟出生命之本真，写出人生新篇章。

第五一则

原文

行善济人[1]，人遂得以安全，即在我亦为快意[2]；逞奸谋事，事难必其稳便，可惜他徒自坏心。

【字词注解】

①济人：救济和帮助别人。

②快意：称心如意。

【精彩解说】

做好事帮助他人，别人因此得以保全，那么自己也会感到发自内心的快乐；通过奸邪的手段去行事，难以确保稳妥顺利，可惜白白损坏了自己的心性。

【智慧解析】

乐于助人的人，在帮助别人度过困境的同时，自己也获得道德的完善，心中充满快意，与人为善，不亦乐乎？心中充满奸邪、阴谋害人的人，为社会道德规范所不容，其阴谋未必能得逞，但其人本性已坏却是昭然若揭。

第五二则

原文

不镜于水，而镜于人，则吉凶可鉴也；不蹶[①]于山，而蹶于垤[②]，则细微宜防也。

【字词注解】

①蹶（jué）：颠仆，跌倒。

②垤（dié）：小土丘。

【精彩解说】

不以水为镜，而以他人的得失成败为镜，那么就可以从中明白吉凶祸福的规律；在高山上没有跌倒，但是却在平地上的小土堆前摔倒，这说明从细微之处加以预防十分重要。

【智慧解析】

“以人为鉴，可以知得失”，一个人的经历、见识、心得等都是有限的，必须从他人那里汲取经验与教训，才能少走弯路。以人为鉴是从大处着眼，防微杜渐则是从小处着力，要求我们做任何事都要注意细节，以免出现“千里之堤，溃于蚁穴”的悲剧。

第五三则

原文

凡事谨守规模[①]，必不大错；一生但足衣食，便称小康。

【字词注解】

①规模：规制，格局。

【精彩解说】

凡事只要谨慎持守一定的规则与模式，总不至于出什么大差错；一辈子只要衣食能得到满足，就算是安逸的小康之家了。

【智慧解析】

这一则说的是守成之道、自足之道。光是守成，已经不容易了，若没有足以开创新境界的智慧，倒不如依照原有的法度去实施，至少不会出错。至于人的一生，只要够吃够穿，便已是安乐的境界，不一定非要有锦衣玉食。这样的人生态度出不了什么大错，当然也成不了什么大事。其重道德、轻物质的一面值得借鉴，缺乏进取心的一面则需要摒弃。

第五四则

原文

十分不耐烦，乃为人之大病①；一味学吃亏，是处事之良方。

【字词注解】

①病：缺点。

【精彩解说】

为人处世没有耐心，是最大的缺点；任何事情都抱着吃亏的态度，才是处事的最好方法。

【智慧解析】

心浮气躁是做人一大忌，如果遇事无法头脑冷静地分析处理，或者遇到挫折就选择放弃，怎么可能有所成就呢？这样的人与他人交流时也容易忽略对方的感受，给人以自我为中心的印象，容易遭到孤立。要想与人和睦相处，适当吃些亏也未尝不可，但不能像作者所说的那样“一味学吃亏”，纵容他人，任其得寸进尺地损害我们的利益，也是不可取的。

第五五则

原文

习读书之业，便当知读书之乐；存为善之心，不必邀[①]为善之名。

【字词注解】

①邀：邀功，求取。

【精彩解说】

把读书当作终生事业的人，就应知晓读书的乐趣所在；抱着做好事之心的人，不必刻意求得好人的名声。

【智慧解析】

读书的目的不只是追求知识，也是为了更好地修身养性，即立身以求学为先，求学以读书为本。将所读之书，句句体现到自己的行动中，便是做人之法，如此方能成为读书人，从中懂得读书的乐趣。中国的读书人讲究与人为善，默默奉献，“君子莫大乎与人为善”“行善积德，神明自得”，行善时并不贪图名利，而是助人为乐。如此，就保持了道德上的完善。

第五六则

原文

知往日所行之非，则学日进矣；见世人可取者多，则德日进矣。

【精彩解说】

能够认识到自己过去犯下的错误，学问就能日益长进；看到他人身上可以学习之处很多，那么德行就能日益增进。

【智慧解析】

曾子说："吾日三省吾身，为人谋而不忠乎？与朋友交而不信乎？传不习乎？"正因为有这样的反省精神，曾子才能凭借并不出色的天赋，成为孔子学说的重要传承人。经常反躬自问，检查哪些地方做得不对，哪些地方还需要不断改进，这样，就能总结经验，吸取教训，避免犯同样的错误。自省的同时，对他人要多看到长处，充分肯定其优点，取长补短，这个过程中自己的心胸会更开阔，德行也会日益增进。

第五七则

原文

敬[1]他人，即是敬自己；靠自己，胜于靠他人。

【字词注解】

①敬：尊敬，敬重。

【精彩解说】

敬重他人，便是敬重自己；依靠自己，胜于依靠他人。

【智慧解析】

敬人者，人恒敬之。能够设身处地为他人着想，敬重他人的人格，敬重他人的劳动，这样的人，本身具有良好的道德修养，自然也能赢得他人的敬重。说完了自重，作者接着说自立。一个人只要自身立得起，无论外界因素有何变化，都能依靠自己的能力取得相应成就。依靠他人，可以混过一时，难以混过一世。所以有俗语说："流自己的汗，吃自己的饭，自己的事情自己干。"

第五八则

原文

见人善行，多方赞成；见人过举[①]，多方提醒，此长者待人之道也。闻人誉言，加意[②]奋勉[③]；闻人谤语[④]，加意警惕，此君子修己之功也。

【字词注解】

①过举：错误的行为。

②加意：特别注意，特别用心。

③奋勉：勤勉振作，发奋努力。

④谤语：毁谤的言语。

【精彩解说】

见到他人做了好事，应多多称赞；见到他人有错误的行为，应适时提醒，这才是受人尊敬的长者待人的方法。听到他人赞美自己的话，应该更加勤奋勉励；听到他人批评自己的话，应该更加注意自己的言行，这才是有德之人修身正己的做法。

——•【智慧解析】

这一则讲述了作者心目中“长者”与“君子”的处世之道。在他看来，长者不能只赞美他人的优点，他人有错时却缄口不言，那样就沦为乡愿之流，不值一提；而君子也不能只喜欢听他人的赞美，而无法接受他人的批评乃至毁谤，而是要将批评或毁谤当作自己前进的动力，引起警惕并自我反思，精进道德学问。

第五九则

原文

奢侈足以败家，悭吝[1]亦足以败家。奢侈之败家，犹出常情；而悭吝之败家，必遭奇祸。庸愚足以覆事，精明亦足以覆事。庸愚之覆事，犹为小咎；而精明之覆事，必是大凶。

【字词注解】

①悭吝：吝啬，小气。

【精彩解说】

奢侈足以使家业衰败，吝啬也会使家道衰落。因奢侈而败家，有常理可循；而因吝啬而败家，一定会遭受意想不到的祸患。愚笨会坏事，精明也会坏事。愚笨坏事，常常是小的过失；而精明坏事，则往往酿成大祸。

【智慧解析】

奢侈败家我们都能理解，为何吝啬也会败家呢？这是因为吝啬者极易与人产生隔阂，遇到困难时别人自然不会伸出援手。而且，吝啬者也容易成为有贪念的人惦记的目标，随时准备落井下石。可见因吝啬而败家，也并非什么稀罕事，而且由于吝啬者得罪人尤其多，可能遭遇的祸患也会更大。相比之下，因精明坏事就容易理解了。俗话说“聪明反被聪明误”，精于算计的精明之人往往过度自信，听不进他人的意见，一时失察，就容易坏事，而且由于精明者往往肩负重责，他们所坏的事也往往是大事。综上所述，在作者眼中，做人不可奢侈，也不可吝啬；不可庸愚，也不可太精明。显然，作者指出的道理就是玄而又玄的中庸之道。

第六〇则

原文

种田人，改习廛市生涯[1]，定为败路；读书人，干与[2]衙门词讼[3]，便入下流[4]。

【字词注解】

①廛（chán）市生涯：此处指市场上的商务活动。廛，公家所建供商人储存货物的房舍。

②干与：参与。

③词讼：诉讼。

④下流：品格低下。

【精彩解说】

种田的人，改行经商，定会失败；读书的人，去参与打官司的事情，品格会日趋低下。

【智慧解析】

这一则在作者生活的时代不无道理，但在今天显然已不适用了。在那个阶级划分明确的时代，种田、读书各有专攻，忽然改习他业，不易成功，甚至会误入歧途。农业社会中农民的劳动是统治阶级收入的主要来源，农民改行，统治阶级受损，自然极力反对。中国传统的思想认为打官司是很低级的事情，这是封建时代的司法制度及官场的黑暗造成的恶劣影响。而在现代社会中，诉讼是解决纠纷、争取权利的重要手段，作者站在传统文人的立场认为其“下流”，今天看来也是不可取的。

第六一则

原文

常思某人境界①不及我，某人命运不及我，则可以自足矣；常思某人德业②胜于我，某人学问胜于我，则可以自惭矣。

【字词注解】

①境界：境遇，境况。

②德业：品德和事业。

【精彩解说】

常常想某人的处境还不如我，某人的命运还没有我好，就应知足常乐；常常想某人的品德和事业比我好，某人的学问比我渊博，就应惭愧自省。

【智慧解析】

这一则体现中国传统文化中“重内轻外”的修身特点。对于外在的物质追求，可以采取“比上不足，比下有余”的态度，它虽然表现了一种安于现状的心态，但其中却蕴藏着一定的生活哲理，在实际生活中具有多重效应，它既可作为人们安于现状不思进取的心理依据，又可以作为承认现实，平衡自我，保持乐观生活态度的心理调适手段。而对于内在的品德与学业，则要向更高的人看齐，不能有浅尝辄止、沾沾自喜的心态。懂得因品德、学业不如人而感到惭愧，才有动力继续进步，更上一层楼。

第六二则

原文

读《论语》公子荆一章①，富者可以为法②；读《论语》齐景公一章③，贫者可以自兴。舍不得钱，不能为义士；舍不得命，不能为忠臣。

【字词注解】

①《论语》公子荆一章：出自《论语·子路》："子谓卫公子荆：善居室。始有，曰：'苟合矣。'少有，曰：'苟完矣。'富有，曰：'苟美矣。'"孔子称公子荆善于治家且知足常乐。

②法：模式，标准。

③《论语》齐景公一章：出自《论语·季氏》："齐景公有马千驷，死之日，民无德而称焉。伯夷、叔齐饿于首阳之下，民到于今称之。"意为：齐景公虽有马千匹，死后却无人称赞；伯夷、叔齐宁愿饿死于首阳山下也不食周粟，却被人们颂扬至今。

【精彩解说】

读《论语·子路》公子荆那章，觉得富有的人可从中学习对财富的正确态度；读《论语·季氏》有关齐景公那章，觉得贫穷的人可从中学习发奋进取的精神。舍不得金钱，就不可能成为侠义之士；舍不得性命，就不可能成为忠心之臣。

【智慧解析】

公子荆作为一个贵族，在稍有财富时就觉得够用了，后来富有起来，依然保持淡然的态度，难怪得到孔子的赞扬，也被本书作者视为富人的榜样。相比之下，齐景公可谓孔子生活的时代最富有的人，他死后没人称赞他；伯夷、叔齐一无所有，为守节宁愿饿死在首阳山，却被后人千载传颂。这种对比，突出了“忠义”在作者心中的重要地位。随后，作者对如何成为义士与忠臣发表了自己的见解，认为仗义疏财才是义士，舍身为国才是忠臣。这是传统道德观的体现，至今依然有启示意义。

第六三则

原文

富贵易生祸端，必忠厚谦恭，才无大患；衣禄原有定数，必节俭简省，乃可久延①。

【字词注解】

①延：延续。

【精彩解说】

大富大贵容易滋生灾祸，一定要忠厚谦恭，才会避免大的祸患；衣食福禄本来都有一定的限度，一定要俭朴节省，才能使福禄延续得长久。

【智慧解析】

富贵者一定要宽厚仁义、谦虚恭敬地处世，才能得到人们的敬重，不招人忌妒而无大患。如果为富不仁，那祸患的到来是迟早的事。人的衣食用度都有一定的限度，不必过于奢侈。力行俭朴节省，是陶冶情操的根本，而奢侈放纵，是败坏德行的根源。至于作者所说的“定数”，出自古人传统思维，不必深究。

第六四则

原文

作善降祥，不善降殃[1]，可见尘世之间已分天堂地狱；人同此心，心同此理，可见庸愚之辈不隔圣域[2]贤关[3]。

【字词注解】

①殃：灾祸。

②圣域：圣人的境界。

③贤关：达到有品德贤人的境地。

【精彩解说】

做好事得到好报，做恶事得到恶报，在人间已有天堂地狱之分了；人心是相同的，心理也是相通的，可知愚笨平庸的人与圣人贤士之间并没有绝对的隔阂。

【智慧解析】

善有善报，本乎人情，恶有恶报，因其不能被天理国法所容。一念善即天堂，一念恶即地狱，只要存心向善，我们就能内心平和，生活处处是乐境。人都有向善的心，圣愚原无分别，只要有心为圣贤，便可以成圣人贤者。而平庸的人若自认愚笨，不求突破，终其一生也是庸愚之辈。明白了这一点，我们就更不能自暴自弃了。只要奋发有为，一样能成为像尧、舜那样的圣贤人物。因此，孟子说："舜何人也？禹何人也？予何人也？有为者亦若是。"正是勉励我们抛除自弃的心理，向圣人看齐。

第六五则

原文

和平处事，勿矫俗①以为高；正直居心，勿设机②以为智。

【字词注解】

①矫俗：故意违俗立异。

②设机：使用心机。

【精彩解说】

待人处事要和善稳妥，不要违背习俗，自命清高；平日存心要公正刚直，不要投机取巧，自作聪明。

【智慧解析】

处理事情只有合乎常理，才不会令人侧目。一般来说，为大众所认可的风俗不会因少数人的个人意愿而改变，有的人自命清高，靠矫饰博取名声，结果只会事与愿违，得不偿失。矫饰不可取，机诈更是处事大忌。处理事情应该讲究一定的策略，但不能玩弄手腕。公平正直地处事，才会使人心服口服，如果心存机关，妄图耍小聪明愚弄人，必定会被人所识破。

第六六则

原文

君子以名教①为乐，岂如嵇阮之逾闲②；圣人以悲悯为心，不取沮溺③之忘世。

【字词注解】

①名教：以儒家所定的名分与伦常道德为准则的礼法。

②嵇阮之逾闲：嵇阮指三国时的嵇康、阮籍，两人名列“竹林七贤”之中。嵇康（223—262）崇尚老庄之学，向往出世的生活，不愿为官。阮籍（210—263）早年信奉儒家思想，后来有感于政治的现实与险恶，转向消极的避世态度，同时也漠视一切礼法。逾闲，越出法度。

③沮溺：长沮、桀溺，泛指隐士。《论语·微子》记载，长沮、桀溺在地里耕田，孔子让子路去问他们渡口在哪里，两人趁机劝孔子不要费尽心力去改变天下，不如做个避世隐居之人。

【精彩解说】

读书人应以研习圣人之教为乐事，怎能像嵇康、阮籍那样，放荡得超出了法度；圣人应有悲天悯人之胸怀，关心民生疾苦，不能像长沮、桀溺那样，消极避世，忘掉了自身在世间的责任。

【智慧解析】

嵇康、阮籍是魏晋名士，他们愤世嫉俗，放浪形骸，都是“竹林七贤”成员。他们的行为虽然怪僻，但节操十分高尚，“逾闲”的行为也是他们在特定政治环境下的斗争手段。如果有人不加分析，一味地模仿，故作风流，那只是东施效颦而已。长沮、桀溺是春秋时代的两位隐士，孔子叫子路问路，曾遇见他们。他们主张逃避现实，这对于以拯救社会为己任的志士来说，是不可取的。当然，作者是以传统文人角度看问题的，因此对放浪形骸的名士与避世不出的隐士都持否定态度。但在今天看来，出世入世均为个人选择，都值得尊重。

第六七则

原文

纵子孙偷安[1]，其后必至耽[2]酒色而败门庭[3]；教子孙谋利，其后必至争赀财[4]而伤骨肉。

【字词注解】

①偷安：不顾将来的祸患，只图眼前的安逸。

②耽：沉湎于。

③门庭：家庭或门第。

④赀财：钱财，财物。

【精彩解说】

放纵子孙只图眼前逸乐，必定会导致子孙后代沉迷于酒色，败坏门风；教育子孙只以谋取利益为重，其子孙日后定会因争夺财产而相互伤害。

【智慧解析】

“生于忧患，死于安乐”，是一个在漫长历史中被无数事实验证的真理。在富贵之家长大的年轻人，如果没有长辈的严格要求，很容易陷入声色犬马的诱惑中无法自拔，最终会败坏家业。而长辈在教育子孙时，如果只教导他们谋生的手段，而不注重培养他们的道德修养，就很容易把子孙培养成唯利是图的人，埋下骨肉相争等种种悲剧的祸根。

第六八则

原文

谨守父兄教诲，沉实谦恭，便是醇潜[1]子弟；不改祖宗成法[2]，忠厚勤俭，定为悠久人家。

【字词注解】

①醇潜：淳厚而深沉。

②成法：原先的法令制度，老规矩，老方法。

【精彩解说】

谨慎地遵守父亲与兄长的教导，沉稳诚实，谦逊恭敬，就是淳厚深沉的好子弟；不随意改变祖宗传下来的老规矩，忠诚厚道，勤奋俭朴，一定能使家道长盛不衰。

【智慧解析】

传统的治家思想，要求子弟遵守父兄的教诲，父兄为子弟做出榜样。这样要求，一是父兄能起督促带动作用，二是长辈的阅历经验比较丰富，能够避免子弟的莽撞。此外，传统家庭也非常重视祖宗成法。先人往往要求后辈诚实谦恭、忠厚勤俭，这与儒家思想中的温、良、恭、俭、让和仁、义、礼、智、信的道德要求相适应，是历代治家经验的积累，所以成为家庭成员遵守的基本道德准则。这些放之四海而皆准的道理并不会随着历史的积淀而固化，反而能够与时俱进，始终对子孙产生教益。

第六九则

原文

莲朝开而暮合，至不能合，则将落矣，富贵而无收敛[①]意者，尚其鉴之[②]。草春荣而冬枯，至于极枯，则又生矣，困穷而有振兴志者，亦如是也。

【字词注解】

①收敛：检点行为，不再放纵。

②尚其鉴之：希望以之为鉴。

【精彩解说】

莲花早晨开放，夜晚合起，到不能再合起时，就是要凋谢了；富贵而不知收敛的人，应该以此为鉴。春天草木茂盛，冬天干枯，等枯萎到极处时，却又再度发芽；身处贫寒之境而有志奋起的人，也当以此自勉。

【智慧解析】

物极必反，否极泰来。事物发展到了顶峰就会开始走下坡路，历史上朝代的更替，家族的兴衰，无不印证了这个规律。没有一个家族能做到长盛不衰，这是因为不注意自我约束的缘故。暂时处于低谷的人，若能刻苦努力，终有翻身之日，正如冬枯春荣的小草，经过与严寒的抗争，必定会发出新芽。

第七〇则

原文

伐字从戈，矜字从矛，自伐[①]自矜[②]者，可为大戒[③]；仁字从人，义字从我，讲仁讲义者，不必远求。

【字词注解】

①自伐：自夸其功。

②自矜：自负，自尊自大。

③大戒：重要的鉴戒。

【精彩解说】

伐字右边是“戈”，矜字左边是“矛”，戈、矛都是兵器，有杀伤之意，自大的人应该引以为戒；仁字旁边是“人”，义字下面是“我”，由此可见，要讲仁义，从自己和身边的人做起就好，不必到远方探求。

【智慧解析】

中国的传统思想一直倡导谦虚为本，戒骄戒躁，所以古语云：“谦受益，满招损。”现代人也说：“骄傲使人落后，虚心使人进步。”自夸、自负的人，不仅不受他人喜爱，还容易陷入争执之中。因此，待人还是以仁义为准。仁和义是儒家思想的精髓。“仁者爱人”，即对人广泛地施予仁爱之心，故“仁”字从“人”；“义”即“道义”，当“生”和“义”发生冲突时，不惜舍生取义则是儒家的价值尺度。对普通人来说，仁可从自己的亲友邻里做起，义则可从自身做起。作者从造字的方法和文字源流的角度，阐述自大自夸的危害及行仁义的必要，虽是一种文字游戏，但还是颇有道理的。

第七一则

原文

家纵贫寒，也须留读书种子①；人虽富贵，不可忘稼穑②艰辛。

【字词注解】

①读书种子：在文化上能承前启后的读书人。

②稼穑：种植与收割，泛指农耕劳动。

【精彩解说】

家境纵然贫寒，也要让子弟读书；即便得了富贵，也不可忘记耕种劳作的艰辛。

【智慧解析】

家境再穷，也要让子孙读书，是因为“不读书，不知义”。人最初是白纸一张，全靠读书知晓做人的道理。富贵最初也并非凭空而来，一定是从贫穷中一点一滴努力挣来的。能够记得耕种的艰辛，一方面是不忘本而更加珍惜现在；一方面也是提醒自己当初创业的艰辛，不要在发达后挥霍殆尽。以此教育子孙，家业才能长久。否则人一旦富贵，就忘了当初粗茶淡饭的俭朴日子，富贵就未必是一种福气了。

第七二则

原文

俭可养廉，觉茅舍竹篱，自饶[1]清趣[2]；静能生悟，即鸟啼花落，都是化机[3]。一生快活皆庸福[4]，万种艰辛出伟人。

【字词注解】

①饶：富有。

②清趣：清雅的情趣。

③化机：造化的奥秘。

④庸福：平凡人的福气。

【精彩解说】

勤俭能培养出廉洁的品性，即使居住在竹篱茅棚中，也富有清雅的情趣；静谧能令人深思并领悟人生的真谛，听飞鸟鸣啭，看花开花落，感悟大自然的造化。能一辈子无忧无虑地生活，是一种平凡的福分，而历经千辛万苦才能成就不平凡。

【智慧解析】

这一则讲述了儒家推崇的“安贫乐道”的生活。人若过惯节俭的生活，就不会贪慕物质享受，自然不容易再为了物质而改变心志，所以说俭可以养廉。在清贫宁静的生活中，人也容易静下心来思考，感受生命中的“化机”，同时，也常常孕育着各种杰出的人才。所谓“淡泊以明志，宁静以致远”，确实极有道理。“自古英雄多磨难，从来纨绔少伟男”。一辈子快活无忧地过日子，是平常人的心愿。但那些想要成就伟业的人，要历经千辛万苦，正是因为难，才愈见其伟大。

第七三则

原文

济世虽乏资财[①]，而存心方便[②]，即称长者[③]；生资虽少智慧，而虑事精详，即是能人。

【字词注解】

①资财：钱财物资。

②存心方便：处处想着与他人方便。

③长者：德行、名望都高的人。

【精彩解说】

虽无足够的资财救济他人，但心里存着与人方便的念头，就称得上是长者；虽然天资不够聪明，没有太多的智慧，但只要做事考虑周密，也算是个能干的人。

【智慧解析】

很多人认为自己自顾不暇或能力有限，就不愿去帮助他人，做事也缺乏信心。其实，济世不一定要用钱财，许多事不用钱财也能做得很好。只要处处留意，便可发现需要帮助的人很多；这些帮助，有时并不需要靠金钱。所谓济世，无非经常存着方便他人的心。有这样的存心，便是一个可敬的人。一个人若是天资并不聪颖，但只要凡事仔细地考虑清楚，计划周详，谨慎地去做，也会成为能干的人。

第七四则

原文

一室闲居，必常怀振卓[1]心，才有生气[2]；同人聚处，须多说切直话[3]，方见古风[4]。

【字词注解】

①振卓：振兴奋发。

②生气：活力，生命力，生机。

③切直话：极其正直、恳切的话。

④古风：古代贤人的风范。

【精彩解说】

即使在居室闲处时也应常怀振奋向上的雄心，才会时刻透出朝气；在与他人相处时一定要说恳切、正直的话，才能体现古代圣贤的风范。

【智慧解析】

闲居的时候，最容易流于懒散而不知节制，若是没有高远的理想和策励之心，便会不知不觉白白蹉跎大好光阴。因此，必须时刻怀着“振卓”之心，保持勃勃生气，为迎接挑战做好准备。与人相处时也有讲究。和许多人相聚在一起时，不要总是说些言不由衷的话；而是要像古人好友相聚那般，互相勉励，言语恳切正直，彼此都能有所长进，做到“以文会友，以友辅仁”。

第七五则

原文

观周公①之不骄不吝，有才何可自矜；观颜子②之若无若虚③，为学岂容自足。门户④之衰，总由于子孙之骄惰；风俗之坏，多起于富贵之奢淫。

【字词注解】

①周公：周文王姬昌第四子，名姬旦，亦称“叔旦”，因封地在周（今陕西宝鸡岐山北），故称“周公”或“周公旦”。西周初期杰出的政治家、军事家和思想家，被尊为儒学奠基人，孔子最崇敬的古代圣人。

②颜子：颜回。

③若无若虚：虚怀若谷，有才能不张扬，有德行不炫耀。

④门户：门第，指家庭在社会上的地位等级。

【精彩解说】

看到周公从来不因自己德才兼备而骄纵鄙吝，那些有才能的人又有什么资格自我炫耀呢？再看颜回有才不显，虚怀若谷，做学问的后辈晚生又怎能自我满足呢？一个家族的衰败，多是因子孙们的骄傲懒惰所致；社会风俗的败坏，多是因富贵者的奢华淫靡使然。

【智慧解析】

孔子曾说过：“如有周公之才之美，使骄且吝，其余不足观也已。”周公是孔子最崇敬的圣人，即使是这样的人，如果染上傲慢与鄙吝的毛病，在孔子的眼里立刻变得毫无可取之处，更何况是普通人呢？所以就算我们有一定的才能，也一定要远离“骄吝”二字，而是要学习颜回那虚怀若谷的精神。更何况，以颜回之贤能尚且谦虚好学，更何况我们呢？说完自身，作者又顺理成章延伸到家庭乃至社会，认为傲慢、懒惰、奢靡等恶习，不仅祸及子孙，还会危害社会。显然，这正是儒家“修身，齐家，治国，平天下”理念的一个反例。

第七六则

原文

孝子忠臣，是天地正气所钟①，鬼神亦为之呵护②；圣经贤传③，乃古今命脉所系，人物④悉赖以裁成。

【字词注解】

①钟：聚集，汇集。

②呵护：庇佑，保护。

③圣经贤传：圣贤所传下来的经典著作和权威性的论述作品。

④人物：有突出贡献的人。

【精彩解说】

孝子和忠臣，都是天地间的浩然正气凝聚而成的，连鬼神都对之倍加呵护；古代圣贤留传下来的经典著述，维系着古今文化的命脉，所有杰出之士都是其造就的。

【智慧解析】

忠与孝是古代伦理道德的核心，也是封建社会统治者最有效的思想武器。时过境迁，如今人们的思想观念发生了巨大变化，不会像古人那样将忠臣孝子视为“天地正气所钟，鬼神着意呵护”的不凡之人。但孝顺的美德至今依然值得赞颂，而忠臣对国君的忠诚自然而然地转化为对国家、对事业的忠诚，那股浩然正气依然在人们之间流传。古人的道德学说之所以流传至今，他们的著作起到了重要作用，作者将这些著作称为“古今命脉”，认为其教导出很多杰出人物。这并不夸张。这些经典著作，至今依然值得我们细心研读。

第七七则

原文

饱暖人所共羡[1]。然使享一生饱暖，而气昏志惰[2]，岂足有为？饥寒人所不甘。然必带几分饥寒，则神紧骨坚[3]，乃能任事[4]。

【字词注解】

①共羡：共同艳羡。

②气昏志惰：意志昏沉，心志怠惰。

③神紧骨坚：精神抖擞，意志坚强。

④任事：担任大事。

【精彩解说】

衣食无忧的安逸生活是每个普通人都羡慕渴望的，可是，一辈子吃穿不愁的人却容易松懈懒散，胸无大志，怎么能有所作为呢？饥寒交迫的日子大家都不愿意过。可是，真正经受过这种生活考验的人却意志坚定，筋骨坚强，能够担当重任。

【智慧解析】

这一则，作者再次强调“生于忧患，死于安乐”的道理，并融入了孟子的学说。《孟子·告子下》中说："故天将降大任于是人也，必先苦其心志，劳其筋骨，饿其体肤，空乏其身，行拂乱其所为，所以动心忍性，曾益其所不能。"人长久生活在饱暖的环境里，就容易四体不勤，雄心大志被逸乐的日子消磨得一干二净，很难再有作为；而饥寒却足以激起人的精神，磨炼人的耐力。在困境中，人容易被激发起斗志和潜力，也容易被环境训练得更能吃苦耐劳，这些都是取得成功的必备条件。

第七八则

原文

愁烦中具潇洒襟怀[①]，满抱皆春风和气[②]；暗昧[③]处见光明世界，此心即白日青天[④]。

【字词注解】

①襟怀：胸怀，怀抱。

②春风和气：比喻对人态度和蔼可亲。

③暗昧：昏暗，隐晦不明。

④白日青天：白天，光明。

【精彩解说】

若在现实的愁苦和烦闷中保持豁达乐观的精神，那么必能满怀喜乐，待人也会和蔼可亲；若在境遇的晦暗和迷惘中保持清醒，必能心胸开阔，如青天白日般明亮。

【智慧解析】

孔子曾盛赞自己的爱徒颜回道：“一箪食，一瓢饮，在陋巷，人不堪其忧，回也不改其乐。贤哉，回也！”在困境中挣扎，要做到“不改其乐”是非常困难的。能够做到的人，一定有着强大的精神力量，他的乐观精神也必然能给他人带来如沐春风的感觉，怎么会不受欢迎呢？这种人即便身处逆境，内心依然能保持开阔，那他离拨云见日的一天自然也不会太远了。人都有遇到挫折或感到迷惘的时候，这种超然的境界是值得我们学习的。

第七九则

原文

势利人装腔作调，都只在体面[①]上铺张，可知其百为皆假；虚浮[②]人指东画西，全不问身心内打算，定卜其一事无成。

【字词注解】

①体面：面子，表面。

②虚浮：浮而不实。

【精彩解说】

看重权势的人都矫揉造作，装腔作势，喜欢做表面功夫，须知道这种人干的所有事都是弄虚作假；虚伪浮夸的人都爱不切实际地东拉西扯，心中没有明确的目标，可以预见这类人必然什么事都干不成。

【智慧解析】

势利的人爱财富与地位，削尖脑袋钻营，他们有了钱就恃财放荡，自我炫耀，显露装腔作势的丑态，而待人则极为虚伪，遇到有权有势的人就趋炎附势，卑躬屈膝，面对平民百姓则盛气凌人，不可一世。浮浅的人没有真才实学，却喜欢夸夸其谈，说三道四，讲起话来天南海北，似乎什么都懂，什么都比别人强，可是行动起来，却一事无成。这些人只能风光一时，最终都会被世人鄙弃。

第八〇则

原文

不忮不求[①]，可想见[②]光明境界；勿忘勿助[③]，是形容涵养功夫。

【字词注解】

①不忮（zhì）不求：不嫉恨不贪求。语出《诗经·邶风·雄雉》："不忮不求，何用不臧。"

②想见：推想而知。

③勿忘勿助：在自我修养的过程中不忘逐渐积聚起来的道义，也不急于求成。语出《孟子·公孙丑上》："必有事焉而勿正，心勿忘，勿助长也。"

【精彩解说】

不嫉恨构陷他人，也不贪求富贵，可以想见其人具有光明无私的境界；自我修养过程中不忘积聚起来的道义，也不急于求成，这体现了积蓄涵养的能力。

【智慧解析】

孔子的弟子子路不因穿着寒酸而在富人面前感到自卑，因为他有学识而心存光明，所以孔子在《论语·子罕》篇引《诗经·邶风·雄雉》的“不忮不求”赞扬他的心胸坦荡。孟子在谈论人的修养时，曾借《揠苗助长》的寓言故事讲述了人的修养是一个渐进的过程，“勿忘”同时亦要“勿助”，关键是要培养自己的涵养功夫。子路的事迹、孟子的教诲，教导我们要心胸坦荡，保持向善的一面，不盲目贪求，不急于求成，修炼出道德涵养方面的“真功夫”。

第八一则

原文

数[1]虽有定，而君子但求其理[2]，理既得，数亦难违；变固宜防，而君子但守其常[3]，常无失，变亦能御。

【字词注解】

①数：气数，命运。

②理：道理，法则。

③常：恒久不变的规律。

【精彩解说】

人的命运自有定数，但君子做事只在意合乎事理，凡事只要遵循客观规律，运数也不会太差；事物是在不断发展变化着的，但君子做事总能保持常道，常道若不失，变数多也能应对。

【智慧解析】

虽然天命论、天理论的思想有很多落后的地方，但作者认为只要找到基本的行事准则，就能应对复杂的变化，从而解决问题。如何解决呢？作者给出两个“参考答案”：第一个是遵循变化轨迹行事，并逐渐适应变化；第二个是找到一定之规，并固守恒久不变的根本，就能“以不变应万变”。

第八二则

原文

和为祥气，骄为衰气，相人者①不难以一望而知；善是吉星，恶是凶星，推命者②岂必因五行③而定？

【字词注解】

①相人者：给人看相测命的人。

②推命者：给人推算命运的人。

③五行：我国古代的一种物质观。古人认为金、木、水、火、土是构成各种物质的五种基本要素，并可用来解释世界万物的起源和变化。

【精彩解说】

平和是一团祥和气象，骄傲是一派衰败气象，看相的人一眼就可以看出来；行善自有吉星高照，行恶定有凶星当头，算命的人哪里需要根据五行才能推断吉凶？

【智慧解析】

在这一则中，作者借儒家思想对看相、算命的行为表达了一定程度的排斥，认为这些神秘主义的学说在识人、推算命运等方面并不及儒家学说。儒家认为“和气致祥”，一个“和”字能化解万千干戈。待人和气的人，其命运也往往是较为顺遂的。反过来说，傲慢之人会因得罪人太多而遭受挫折，也是不难想见的。此外，要论断一个人的吉凶，不必从五行去推断，只要看他是行善还是为恶就知道了。行善的人必能得到拥戴，为恶的人必定遭人唾弃。

第八三则

原文

人生不可安闲，有恒业①，才足收放心②；日用必须简省，杜奢端③，即以昭俭德④。

【字词注解】

①恒业：稳定的事业。

②收放心：收回放任的心思和念头。放心，任性放荡的想法和念头。

③杜奢端：杜绝奢侈的苗头。

④昭俭德：显示俭朴的美德。

【精彩解说】

人生不能每天都过着安闲舒适的日子，有了稳定的事业，就能收回任性安逸之心；日用花费必须节约俭省，只有杜绝奢侈的苗头，才能显示俭朴的美德。

【智慧解析】

在作者看来，读书人的“恒业”就是读书，必须要有追求学问道德的恒心，将读书作为需要一心一意从事的事业。没有恒心，则一事无成。荀子《劝学》中说："锲而不舍，金石可镂；锲而舍之，朽木不折。"有了恒心，就会将安逸放纵的本心收回，放在学业上；孟子说的"学问之道无他，求其放心而已矣"，就是这个意思。有了求学的恒业，对物质享受自然就没那么在意了，日常的生活也不会过于讲究，从而养成节俭的美德。这种美德，可以让我们终身受益。

第八四则

原文

成大事功，全仗着秤心斗胆[1]；有真气节，才算得铁面铜头[2]。

【字词注解】

①秤心斗胆：心坚定如秤砣，胆大如斗。比喻意志坚定，胆识过人。

②铁面铜头：面目坚硬如铁，头颅坚硬如铜。比喻公正严明，不畏权势。

【精彩解说】

成就大事业、大功绩的人，全靠着坚定的意志和过人的胆识；有高尚节操的人，才称得上公正无私，才会不畏权势。

【智慧解析】

成大事立大功并不全靠学问，如果没有一颗如秤砣般坚定的心以及过人的胆识，就什么事都不敢做，或者即使做了也不长久，自然也很难成功。当然，空有意志和胆识，如果缺乏气节，也有可能因为走错方向而白费力气，所以必须有气节才行。

第八五则

原文

但[1]责己，不责人，此远怨之道也；但信己，不信人，此取败之由也。

【字词注解】

①但：只，仅仅。

【精彩解说】

只严格律己而不苛求责备他人，这是远离怨恨的好办法；只相信自己而不相信他人，这是导致失败的主要原因。

【智慧解析】

严以待己，宽以待人，说起来容易，做起来却很难。每个人的立场不同，责备别人通常会招致怨恨，不如先好好地反求诸己，先把自己端正好了，再要求别人。要宽以待人，前提之一就是不能过度自信。一个人如果只相信自己而不相信别人，就容易自以为是，刚愎自用。善于听取他人意见的人，才容易成功。

第八六则

原文

无执滞[①]心，才是通方士[②]；有做作气[③]，便非本色人[④]。

【字词注解】

①执滞：固执，偏执。

②通方士：通达事理的方正之人。

③做作气：矫揉造作的习气。

④本色人：秉持本色的纯真之人。

【精彩解说】

没有偏执狭隘的思想，才是通达事理的方正之人；有矫揉造作的习气，就不是秉持本色的纯真之人。

【智慧解析】

执滞，就是固执而不能通达。而学问广博、心胸宽广的读书人，不为一时一事所拘泥，心中无执滞，故能通达事理。生性坦荡的人，为自己而活，充分体现出潇洒自由的本性，不会为了改变别人对自己的看法去改变自己的性情，失去自身的价值。蓄意矫揉造作者，则是为别人而活，整天罩着假面具，还有什么自我价值可言。

第八七则

原文

耳目口鼻，皆无知识之辈，全靠者心[1]作主人；身体发肤，总有毁坏之时，要留个名称后世。

【字词注解】

①者心：此心。

【精彩解说】

耳目口鼻都是没有思维的器官，全仰仗心的支配；身体发肤总有腐朽时，但要留个美名传后世。

【智慧解析】

古人认为眼、耳、口、鼻皆以“心”为主宰，如果一个人不用“心”，就会耳不辨忠言，目不辨黑白，口中胡乱言语，连鼻子也让人牵着走，那么，这个人必然无法端正自己。当然，此“心”实际已超脱物质，实乃天理之心。身体发肤，构成人的生命体，但这些总有消亡的时候，人们应该在有限的生命内，给后人留下一笔宝贵的精神财富，这才是生命应有的价值。

第八八则

原文

有生资，不加学力①，气质究难化也；慎大德，不矜细行②，形迹终可疑也。

【字词注解】

①学力：学习的功夫。

②不矜细行：不拘小节。

【精彩解说】

天分再高，若后天不努力，气质也很难得到培养；在大的德行上谨慎，而在细节上不注意，这样的表现终究不值得信任。

【智慧解析】

外因是变化的根据，内因是变化的条件。一个人天生的资质很重要，但后天的努力更不可缺少。如果有聪明的大脑、健全的体魄，但不刻苦地学习，或不将才能用于正途，终究难成有用之才。此外，想成才不仅要有天资，肯努力，还要细心。人的一言一行都反映出其学识修养，真正修大德的人一定要从生活的细节入手。

第八九则

原文

世风之狡诈多端，到底忠厚人颠扑不破①；末俗②以繁华相尚，终觉冷淡③处趣味弥④长。

【字词注解】

①颠扑不破：无论怎样摔打都破不了。比喻理论学说完全正确，立得住脚。

②末俗：末世的衰败习俗。

③冷淡：平淡宁静。

④弥：更加。

【精彩解说】

世俗风气中各种狡诈行径很多，到最后只有忠厚的人能立得住脚；末世的衰败习俗崇尚奢侈浮华，最后还是觉得平淡宁静的日子更耐人寻味。

【智慧解析】

世俗的风气之所以狡诈多变，大半是为了“名利”二字。狡诈的人，不管伎俩多么高明，终会被人识破；忠诚老实的人，稳重质朴，能够受到世人的信任。生活也是如此。一切荣华富贵只是过眼云烟，声色的刺激也是短暂而易于消失的，倒是摒除声色犬马的烦扰，留一方宁静的天地，才能感受平静而安详的心境，感受平和、喜悦。

第九〇则

原文

能结交直道[1]朋友，其人必有令名[2]；肯亲近耆德老成[3]，其家必多善事。

【字词注解】

①直道：正直而讲道义。

②令名：美好的名声。

③耆德老成：德高望重的老人。耆，旧指六十岁以上的老人，多泛指老年人。

【精彩解说】

能结交行事正直的朋友的人，一定会有好名声；愿意亲近德高望重的长者的人，家中必定多有善事。

【智慧解析】

与正直的人交朋友，自己的心灵也能得到净化，朋友之间一言一行相互影响，品质也会随之高尚起来；与奸邪的人交朋友，必定追风逐臭，同流合污，遭人鄙弃。所以古语说："近朱者赤，近墨者黑。"此外，多与忠厚长者相处也是有益的。德高望重的老人，生活经验很丰富，经受的教训也很多；常向他们求教能少走弯路，及时得到点拨提携；在他们的教诲之下，当然会家兴业旺，好事不断。

第九一则

原文

为乡邻解纷争，使得和好如初，即化[①]人之事也；为世俗[②]谈因果[③]，使知报应不爽[④]，亦劝善之方也。

【字词注解】

①化：感化，化育。

②世俗：指代平凡人。

③因果：佛教语。谓“因缘”和“果报”。佛教有轮回之说，称“前世种什么因，今生得什么果；善有善报，恶有恶报”。

④报应不爽：因果报应从来没有差错。爽，差失，不合。

【精彩解说】

为乡亲们调解纠纷和争执，让他们和好如初，这是在做教化他人的好事；向普通人讲解因果报应的道理，使人们知道因果循环、报应不爽，这也是劝导人心向善之法。

【智慧解析】

每个人都不要忽视自己的力量。我们常以为，教化众人是身居高位的人做的事，其实，我们的一言一行也时刻影响着周围的人，尤其是品德高尚者，更应去感染身边的人。当邻里出现纷争时，不能认为事不关己，便对此视而不见，而应心平气和地为他们讲明做人的道理，让他们懂得邻里应当和睦互助的道理，这其实就是在教化人。这种感化的作用看似微弱，可是假如每个人都能这样做，那么社会一定会更加和谐安定。此外，因果报应之说虽然有其局限性，但其抑恶扬善的目的是明确的，劝人向善时，对因果之说巧加利用，能起到意想不到的效果。

第九二则

原文

发达虽命定①，亦由肯做功夫；福寿虽天生，还是多积阴德②。

【字词注解】

①命定：命运安排好的，命中注定。

②阴德：暗中做的有德于人的事。《淮南子·人间训》："有阴德者必有阳报，有阴行者必有昭名。"

【精彩解说】

一个人能否平步青云虽然看似命中注定，但实则是他肯下功夫，不断努力的结果；一个人的福分寿命，虽然是由上天决定的，但也是因为他多做善事积阴德的结果。

【智慧解析】

古代的天命观，认为人的寿夭、贫富等都是注定的，这无疑是消极的。但在天命观的阴影下，还是有无数贤人志士奏出了积极进取的最强音。他们认为一个人能否拥有富贵显达的人生，虽然客观条件起着很大的作用，但个人的努力也绝不容忽视。那些出身低微但意志坚定、不懈奋斗的人往往比家庭环境较好却养尊处优、游手好闲的人更容易取得一番成就。一个人是否有福气，是否能长寿，人们很难预测，但只要自己多努力，多做善事，就能拥有和乐安康的生活。

第九三则

原文

常存仁孝心，则天下凡不可为者皆不忍为，所以孝居百行[1]之先；一起邪淫念[2]，则生平极不欲为者皆不难为，所以淫是万恶之首。

【字词注解】

①百行：一切德行、品行。

②邪淫念：邪恶纵逸的念头。

【精彩解说】

经常保有仁义孝顺之心，那么天底下凡是不正当的事，都不忍心去做了，因此，孝顺应排在所有德行之前；人一旦产生了邪恶纵逸的念头，那么平时极其不齿的事情，也不难做出来，所以说淫是一切恶行的开始。

【智慧解析】

有孝心的人懂得感恩父母。不做不合道义的事，为的是不让父母牵挂和蒙羞；不懈努力，为的是父母能有安定的生活，并让他们得到别人的尊重。所以，孝心不但断绝了恶念，还成为善行的源头。淫邪的念头一生，就想要不节制地满足欲念，占有本不该占有的东西，随之就会无所顾忌，做出伤天害理的事来。可见，老话说“百善孝为先，万恶淫为首”是有道理的。

第九四则

原文

自奉[①]必减几分方好，处世能退一步为高。

【字词注解】

①自奉：自身日常生活的供养。

【精彩解说】

人们在物质享受方面一定要俭省几分，只要适宜就行；为人处世能够懂得忍让，这才是明智的做法。

【智慧解析】

一个严于律己的人往往更容易成功，因为一个太过娇惯自己的人容易失去坚强的意志，奢侈放纵的人容易沉湎于享乐。所以不妨对欲望适当加以限制，保持心态的平和。与人相处时，不要凡事都要分个高下才好。事事想争得上风、占到便宜的人，必然要侵占别人的利益，自然很难与人和睦相处。待人接物谦让有礼，体现自己的修养和处世态度，这样反倒会赢得别人的尊重。

第九五则

原文

守分安贫，何等清闲，而好事者偏自寻烦恼；持盈保泰①，总须忍让，而恃强者乃自取灭亡。

【字词注解】

①持盈保泰：处于极盛之时，谦逊谨慎以保平安。

【精彩解说】

安分守己，安贫乐道，这是多么清闲的享受，可是一些好事者，偏偏给自己找烦恼；事业兴盛的时候应该谦逊谨慎，宽容礼让，那些自恃强大的人是在自取灭亡。

【智慧解析】

人的际遇各不相同，有人富贵，有人清贫。如果不愿意通过自己的劳动过上富裕生活，而是心生妄想，或以卑劣的手段窃取，则会给自身招来烦恼和祸患。因此，古人常说“安贫乐道”，不是劝人不思进取，而是劝诫人们走人间正路，戒除非分之想。已经拥有富贵的人，即使事业达到鼎盛，也不能骄傲自大，应该谦虚待人，避免“盛极而衰”。

第九六则

原文

人生境遇无常，须自谋吃饭之本领；人生光阴易逝，要早定成器①之日期。

【字词注解】

①成器：成为可用之器，指一个人能有所成就。

【精彩解说】

人生的境遇变幻无常，每个人都要谋求能够养活自己的本领；人一生的时光很容易流逝，要尽早给自己确定一个有所成就的期限。

【智慧解析】

人想在世上安身立命，就必须有一技之长。这样，即使世事无常，境遇不断变化，自己的生计也会有所保障。人的一生看似很长，可除去幼年懵懂、老年力衰，可用来学习成长、建功立业的时间并不多。所以，人在年少时就应该树立高远的目标，并督促自己循序渐进地实现人生的理想；免得年岁渐长，却庸庸碌碌，无所作为。

第九七则

原文

川[①]学海而至海，故谋道者[②]不可有止心；莠[③]非苗而似苗，故穷理[④]者不可无真见。

【字词注解】

①川：河流，水道。

②谋道者：追求学问和道理的人。

③莠：草名，一年生草本植物，穗有毛，很像谷子，亦称“狗尾草”。

④穷理：探究事物之中的真理。

【精彩解说】

河流学习大海的兼容并蓄，最后才能汇入大海，所以追求真理的人不能有懈怠和自满之心；狗尾草不是禾苗却长得像禾苗，所以探究事理的人不能没有辨别能力和真知灼见。

【智慧解析】

知识的海洋，无边无际，人们在学习知识时，就像河流汇入大海一样，川流不息。这样才能融会贯通，境界开阔。有时候，真理总与谬误混杂在一起，就像莠草与谷子很难区分一样。在探究事物的真理时，要勤于思考，善于总结，培养洞察真相的观察力，以及精准的判断力，从而抓住事物的本质。

第九八则

原文

守身必谨严，凡足以戕[1]吾身者宜戒之；养心须淡泊，凡足以累吾心者勿为也。

【字词注解】

①戕（qiāng）：伤害，残害。

【精彩解说】

保持自身的气节必须谨慎严格，凡是损害自己气节的事都不应该做；修养身心必须淡泊名利，凡是使自己内心疲惫的事都不要去做。

【智慧解析】

古人以“守身如玉”形容爱惜自己的身体与名声。珍视自己的人往往对自己的一言一行都很谨慎，唯恐不当的行为会让自己身心不安，名声受损。正是因为有这种信念，所以凡是有害的言行，哪怕可以让自己获益，正人君子也依然坚持不去做。当然，只要是人，都无法做到无欲无求，如果过分纠结一些本不该得到的东西，必然会失掉自由与快乐。不为名利所羁绊，才会有洒脱的心境。

第九九则

原文

人之足传，在有德，不在有位；世所相信，在能行，不在能言[1]。

【字词注解】

①能言：花言巧语。

【精彩解说】

一个人的名声被传颂，在于他有高尚的品德，而不在于他有多高的地位；人们相信一个人，在于他有切实的行动，而不在于他的花言巧语。

【智慧解析】

德行乃立身之本。因此，很多有德之人虽然穷居陋巷，依然名留史册，而同时代显赫一时的当权人物，大多在历史长河中湮没无闻了。而有德之人，也不是靠花言巧语换来大名的。言行一致，说到做到的人才能赢得别人的信任；只会说些花哨的言辞，不把别人放在心上的人，最终会失去众人的信任。

第一〇〇则

原文

与其使乡党有誉言[1]，不如令乡党无怨言；与其为子孙谋产业，不如教子孙习恒业。

【字词注解】

①誉言：称誉的言辞。

【精彩解说】

与其想方设法让乡邻们称赞自己，不如做到让乡邻们对自己毫无怨言；与其为子孙们谋求财富，不如让他们学到谋生的本事。

【智慧解析】

很多取得一定成就的人，都想要“衣锦还乡”，享受乡党的赞美，但这不过是一时的荣耀，比不上所作所为能让人信服，无可指摘，名望更为持久。想为子孙谋求更大的产业是正常的心态，但如果不注重培养后代的品德，就会使他们养成骄纵任性、挥霍无度、不知进退的习气，这必然会导致他们频频犯错。另外，子孙的品德并不恶劣，但没有谋生的技能，也只能坐吃山空。因此，让他们知书达理，培养良好品德，并习得一技之长，才是长久的打算。

第一〇一则

原文

多记先正[①]格言[②]，胸中方有主宰[③]；闲看他人行事，眼前即是规箴[④]。

【字词注解】

①先正：泛指前代的贤人。

②格言：含有教育和劝诫意义的话。

③主宰：主管，支配。

④规箴：劝勉告诫。

【精彩解说】

多记住前代圣贤们所说的格言，胸中才会有坚定准则；观察他人如何做人做事，可作为自己做人做事的借鉴。

【智慧解析】

古代圣贤所留下的格言，是经历数代人的传诵和实践而流传下来的，它是经验的积累、智慧的结晶；虽然时间流逝，其中的一些观念已经有些不合时宜，但做人的普遍道理却依然适用，可指导我们更好地处世做人。对于发生在别人身上的事，我们要留心观察与分析，认真思考别人成功与失败的经验，总结事情成败得失的原因，以指导自己的人生之路。

第一〇二则

原文

陶侃运甓官斋[1]，其精勤可企而及也；谢安围棋别墅[2]，其镇定非学而能也。

【字词注解】

①陶侃运甓（pì）官斋：东晋陶侃任广州刺史之后，州内安定，政务清闲，但他心怀社稷，为了督促自己勤勉，每天早上搬运一百块砖到官署外面，晚上又从外面把砖搬到官署之内。陶侃（259—334），字士行（或作士衡），东晋名将，早年孤贫，从县吏积功累升到荆州刺史。勤勉不懈，为人称道。是著名诗人陶渊明的先祖。甓，砖。

②谢安围棋别墅：东晋时，前秦苻坚大举南侵，东晋卫将军谢安指挥若定，命人御敌。捷报传来时谢安在别墅与朋友下棋，仍旧不动声色。谢安（320—385），字安石，东晋宰相，曾成功挫败权臣桓温篡位阴谋，并且作为东晋一方的总指挥，以八万兵力打败了号称百万的前秦军队，致使前秦一蹶不振，为东晋赢得几十年的安宁和平。

【精彩解说】

晋代名将陶侃，闲暇之时在官署运砖，这种精勤态度是我们也可以做得到的；晋代名臣谢安在两军交战时仍能与朋友从容下棋，这种镇定功夫，不是随随便便就能效仿的。

【智慧解析】

这一则借助晋代两位杰出人物的事迹，为我们展示了两种极高的人生境界。对于大多数人来说，如果长时间处在优越的环境下，很容易忘记励精图治，而东晋时的名将陶侃则非同一般。陶侃以勤勉著称，虽然身居刺史高位，但闲暇的时候却通过运砖激励自己不懈怠，不懒惰，这种态度，是我们应该学习的。在大事面前，一般人很难保持淡定，而晋代名相谢安却能在关键时刻气定神闲，在大兵压境、胜负难料时，仍能淡定地和朋友下棋，这种镇定自若的非凡气度就不是我们轻易能学到的了。

第一〇三则

原文

但患我不肯济人[①]，休患我不能济人；须使人不忍欺我，勿使人不敢欺我。

【字词注解】

①济人：帮助别人。

【精彩解说】

只担心自己不肯发善心去帮助他人，而别担心自己是否有能力去帮助别人；要让别人不忍心欺辱自己，不要让别人因为恐惧而不敢欺辱自己。

【智慧解析】

《孟子·梁惠王上》说：“挟太山以超北海，语人曰‘我不能’，是诚不能也。为长者折枝，语人曰‘我不能’，是不为也，非不能也。”不能是力不能及，不肯则是仁义之心消散殆尽。只要我们有一颗乐于助人的心，总能找到力所能及的助人方式。仁义的一个理想境界是“人不忍欺”，现实中是很难做到的。一味避让，期望他人良心发现，很多时候反而是助纣为虐，因此不能一味套用前人的观念。

第一〇四则

原文

何谓享福之人？能读书者便是。何谓创家[1]之人？能教子者便是。

【字词注解】

①创家：创立家业。

【精彩解说】

什么样的人称得上享福的人呢？有书读并且能从中得到乐趣的人就是享福的人。什么样的人能称得上创立家业的人呢？会教导子弟的人就是创立家业的人。

【智慧解析】

人世间能称得上享乐的事情有很多，而安心读书是许多人的平生一大乐事。勤于读书的人，学识广博，视野开阔，提升了自己的思想境界，充实了自己的内心，净化了自己的心灵。什么样的人才算得上创立家业的人呢？答案是那些善于教育孩子的人。一个人幼年所接受的教育影响着他的一生，只有从小为孩子树立良好的榜样，把他培养成人格独立、品行优良的人，将来才可能成为有远大志向而不懈进取的人才。有这样的人继承家业，才能使家族长期兴旺。

第一〇五则

原文

子弟天性未漓[1]，教易行也，则体[2]孔子之言以劳之，勿溺爱以长其自肆[3]之心。子弟习气已坏，教难行也，则守孟子之言以养之，勿轻弃以绝其自新之路。

【字词注解】

①漓：浅薄。

②体：亲身体验，领悟。

③自肆：放纵任意。

【精彩解说】

当子弟的天性还未受到污染时，教育起来比较容易，那么就应该按照孔子所说的，教导子弟勤劳，不要溺爱而助长了他自我放纵，不受约束的习性。当子弟已经养成了坏习气，教导他很难奏效了，这时就应该按照孟子所说的，父兄要先合乎中道，言传身教，不要轻易放弃对他的教育，以免断绝了他改过自新的机会。

【智慧解析】

父母疼爱孩子是人之常情，但真正懂得如何爱孩子的人，不会溺爱他们。孩子在幼年时期性格还没有完全形成，发展潜力很大，父母应耐心引导，正确培养，使孩子养成良好的思维习惯和道德品性，为其将来成长为出色的人才打下良好的基础。孩子就像幼小的树苗，而父母和长辈的教育便是浇灌和修剪，小树一旦长偏或出现过多的枝杈，千万不能放任不管，须耐心培育，使其改过自新。

第一〇六则

原文

忠实而无才，尚可立功，心志专一也；忠实而无识，必至偾事[1]，意见多偏[2]也。

【字词注解】

①偾（fèn）事：败事。偾，颠倒，僵仆。

②偏：偏颇。

【精彩解说】

一个忠厚诚实的人即使才能并不出众，仍会有建功立业的机会，因为他做事一心一意；如果一个人只是忠厚诚实，却没有什么见识，那一定会坏事，这是因为其想法和见解都偏离正确方向的缘故。

【智慧解析】

一个忠厚实在的人，就算能力不足，只要能脚踏实地地专心做事，也能做出成绩。正像荀子在《劝学》中所说的：“骐骥一跃，不能十步，驽马十驾，功在不舍。”只要坚持不懈，终能见到成效。但是一个人如果缺乏见识，再努力也很难成功，因为方向错了，越努力离目标越远。

第一〇七则

原文

人虽无艰难之时，却不可忘艰难之境；世虽有侥幸[1]之事，断不可存侥幸之心。

【字词注解】

①侥幸：意外获得。

【精彩解说】

人生即使还没有遇到艰难困苦，也不能忘记还有艰难逆境的存在；世上虽然有一些意外获得成功的事情，但断然不可有侥幸的心态。

【智慧解析】

人们常说“人无远虑，必有近忧”。世事变幻无常，因此，人处在顺境的时候，要为以后的生活做长远的打算，以应对将来可能出现的困难。靠点滴积累取得的财富和成功需要太长的时间，所以许多人幻想靠侥幸实现梦想。人一旦心存侥幸，不劳而获的思想就会像野草一样在心中滋长，再也没有办法认真踏实地做事，离目标只会越来越远。

第一〇八则

原文

心静则明，水止乃能照物；品超斯远[1]，云飞而不碍空。

【字词注解】

①品超斯远：品行高尚才能使人心志高远。

【精彩解说】

内心平静澄澈自然就能明察世事，如同平静的水面能映照事物一样；品行高尚才能心志高远，就像云彩在天空飘过而无损天空一样。

【智慧解析】

人的心境就像水一样，只有水面平静时才能映照出事物的倒影，心境安宁时，人才能品德端正，独善其身。如果内心浮躁，名与利便会让人心绪不宁，就如同身陷漩涡之中。一个人心境宁静，也就能不被利欲牵绊，才能来去自由，超然物外。

第一〇九则

原文

清贫乃读书人顺境，节俭即种田人丰年①。

【字词注解】

①丰年：米谷收成丰收之年。

【精彩解说】

清贫的生活就是读书人最顺遂的环境，能够节俭便是种田人的丰收之年。

【智慧解析】

这一则并非孤立地去赞美贫困，而是指清贫可以使人养成廉洁自律的优秀品性。同时，没有奢靡的生活打扰身心，可以使人安心于学业，发奋上进，反倒会使学业精进。而对于原本就生活清贫的种田之人，节俭下来的财物就是一笔可观的财富，遇到突发情况时，这些财富也许就有助于脱离困境。

第一一〇则

原文

正而过则迂[1]，直而过则拙，故迂拙之人犹不失为正直；高或入于虚，华或入于浮，而虚浮之士究难指为高华。

【字词注解】

①迂：不通世故，不切实际。

【精彩解说】

人的性情过于刚正就会显得不通世故，过分直率就会显得笨拙，因此，迂腐和笨拙的人，还不失为一个正直的人；目标太高往往变成空想，自恃才华过人就会陷入浮夸，空想虚浮的人，终究也难以被认为是高明和有才华的人。

【智慧解析】

生活中偶尔会遇到刚正直率到“一根筋”的人，他们在一般人眼里会显得有些格格不入，但人们对他们更多还是表示出敬意。因为刚正直率毕竟是难得的品质，会让人为自己的人云亦云、随波逐流感到一丝羞耻。当然，如果刚正直率之人能学会“外圆内方”，处世就能更加完美。我们在生活中也可能遇到自视甚高的人，他们通常拥有很高的才能，但性格却不讨喜，往往浮夸甚至虚妄。这样的性格会让他们难以踏实勤奋地做事，白白浪费掉才能。以上两种人，往往是前者更受欢迎，可见我们做人宁肯不够圆滑而稍显笨拙，也不能不切实际、虚浮无根。

第一一一则

原文

人知佛老[1]为异端[2]，不知凡背乎经常[3]者，皆异端也；人知杨墨[4]为邪说，不知凡涉于虚诞者，皆邪说也。

【字词注解】

①佛老：佛教和老子的学说。

②异端：与传统道德思想，尤其是与儒家思想相违背的说法或人。

③经常：常理。

④杨墨：以杨朱和墨翟为代表的学说。杨朱，先秦哲学家，道家学者，反对儒墨，尤其反对墨子的“兼爱”，主张“贵生”“重己”。他的见解散见于《庄子》《孟子》《韩非子》《吕氏春秋》等书。墨翟（前468—前376），战国初期著名思想家，墨家学派的创始人。他主张兼爱、非攻、尚贤、尚同。著有《墨子》一书。

【精彩解说】

人们都知道佛家、道家的学说是异端，然而却不知凡是与常理不合者，都是异端；人们都知道杨朱、墨翟的学说是旁门左道，却不知内容荒诞虚妄的，都是不正确的言论。

【智慧解析】

不符合正统思想的学说和教义，被称作“异端”，历来为统治者和有着正统思想的人所排斥和压制。以杨朱、墨翟为代表的学说，在当时就被儒家称为“邪说”，并加以排斥。但他们的“兼爱”“非攻”“尚贤”“尚同”等一些观点到现在还有一定的价值和积极意义。作者将佛家、道家、墨家的学说贬为“异端”“邪说”的观点具有历史局限性。

第一一二则

原文

图[1]功未晚，亡羊尚可补牢；浮慕[2]无成，羡鱼何如结网[3]。

【字词注解】

①图：谋求。

②浮慕：凭空羡慕。

③羡鱼何如结网：比喻只空想而没有实际行动，难以成功，还不如脚踏实地地去做，才有成功的机会。

【精彩解说】

谋求功业什么时候开始都不算晚，即使羊丢了再来补羊圈也还来得及；只是羡慕别人而不行动，永远也不会有什么结果，站在水边希望得到水中的鱼，不如赶快回家织网。

【智慧解析】

人的机遇和觉悟各不相同，所以一个人在任何时候想谋求功业都不算晚。有的人在事业上起步比较早，在很早的时候就能崭露头角，有所成就；有的人虽然起步较晚，但只要能及时立志、勇于进取，同样能做出一番事业来。一个人羡慕他人的成就，至少表明还有向上之心，接下来就该身体力行，坚持不懈地去进取。如果只是羡慕别人取得的辉煌功业，自己却不动手去做，只是一味地空想，则很难成功。

第一一三则

原文

道本足于身，以实求来，则常若不足矣；境难足于心，尽行[①]放下，则未有不足矣。

【字词注解】

①尽行：完全。

【精彩解说】

道理本来就在我们身边，能通过实际观察努力探求，却常常感到掌握得还不够；外在境遇很难满足心中的欲望，如能放弃对外物的执着追求，也就不会觉得不满足了。

【智慧解析】

道理通常就存在于我们的周围，通过分析和判断，透过事物的现象看本质，不断去发现和认识，就能彻悟。但道理也会随着时代的发展而不断发展，也许在一定的时期内它是正确的，但是把它放在另一个时期或条件下，可能就变成谬误了。所以说，我们认识道理，也要用发展的眼光去看，并永远保持虚怀若谷的态度。对知识和真理的认识要永不满足，对钱财名利的追求却要适可而止。因为只有淡泊名利，才能做到知足常乐，消除烦恼，并专注于内心的修行。

第一一四则

原文

读书不下苦功，妄想显荣[1]，岂有此理？为人全无好处，欲邀福庆，从何得来？

【字词注解】

①显荣：显达荣耀。

【精彩解说】

读书没有下苦功，却想飞黄腾达，天下哪有这种道理？做人不行善积德，却妄想得到福分和吉祥，世上哪有这样的好事？

【智慧解析】

“冰冻三尺，非一日之寒”，想要显达荣耀，就要付出艰辛的劳动。而有些人耐不得一点儿求学路上的艰辛，“三天打鱼，两天晒网”，却还总想着出人头地，这无异于痴人说梦。任何事情皆有因果。如果一个人在平时的为人处世中，能够多为他人考虑，让自己具备高尚的道德情操，定会收获长久的幸福；否则，凭借一些损人利己、投机取巧的不正当手段，即使一时获得幸福，也难以长久。

第一一五则

原文

才觉己有不是，便决意改图[1]，此立志为君子也；明知人议其非，偏肆行无忌，此甘心做小人也。

【字词注解】

①改图：改变方向，变更计划。

【精彩解说】

刚刚发现自己做得不对，便毫不犹豫地改正，这便是要立志成为正人君子的人；明知有人在议论自己做得不对，却偏要一意孤行毫无顾忌，这是自甘堕落的小人。

【智慧解析】

《左传》中说：“人谁无过？过而能改，善莫大焉。”每个人都有缺点和不足，但是因素养和境界的不同，不同的人对待自己不足的态度也相差甚远，因而有君子和小人之分。君子和小人的最大区别，就在于君子会时刻反省自己，知错就改，修身养性；而小人则是明知自身有错，即使知道别人对自己的品性有非议也不改过自新，反而恣意妄为，丝毫没有顾虑。可见，要做君子，务必意识到反省改过的重要性。

第一一六则

原文

淡中交[1]耐久，静里寿延长。

【字词注解】

①淡中交：平淡地交往。

【精彩解说】

在平淡中交往的朋友，往往能经得住时间的考验；在平静安稳的环境中生活，能够延年益寿。

【智慧解析】

《庄子·山木》中说："君子之交淡如水，小人之交甘如醴。"君子之交看似平淡如水，他们的内心就像一汪清水，清澈见底，波澜不惊，能经得起风风雨雨。他们重在相知，重在道义，对朋友能患难相扶，荣辱与共，不会像小人之交那样看似如胶似漆，却会轻易因贪求富贵名利而背弃朋友。淡泊宁静的心境，能使人的胸怀宽广博大，洒脱自然，让人"不以物喜，不以己悲"，这有益于自己的身心健康，能延年益寿。

第一一七则

原文

凡遇事物突来，必熟思审处，恐贻[①]后悔；不幸家庭衅起[②]，须忍让曲全，勿失旧欢。

【字词注解】

①贻：留下。

②衅起：起了嫌隙。衅，缝隙，争端。

【精彩解说】

遇到突发的事情，一定要深思熟虑，慎重地处理，以免事后后悔；家中不幸发生纠纷，必须尽量忍让，委曲求全，不让过去的情分遭到破坏。

【智慧解析】

“天有不测风云，人有旦夕祸福”，突发事件有很大的偶然性，让人很难预测。这就需要人们在遭遇突发事件时，仔细分析它的起因和可能的发展趋势，三思而后行，找出妥当的对策来应对。一旦突发事件涉及家庭，往往更加复杂。家庭中的成员长久相处，关系错综复杂，一旦出现嫌隙，会让人无所适从。处理这些矛盾时要学会忍让，不将矛盾激化使嫌隙扩大，以免影响家庭成员间的和睦。

第一一八则

原文

聪明勿使外散，古人有纩[①]以塞耳，旒[②]以蔽目者矣；耕读何妨兼营，古人有出而负耒[③]，入而横经[④]者矣。

【字词注解】

①纩（kuàng）：棉絮。

②旒（liú）：帽子前面下垂的饰带。

③耒（lěi）：耕田用的农具。

④横经：捧着经书。

【精彩解说】

聪明人懂得不让自己的才华过于外露，曾有古人用棉絮塞耳，以帽带遮挡视线；兼顾耕田和读书，曾有古人日出扛着农具耕作，日暮手持经书阅读。

【智慧解析】

人们常用“大智若愚”形容那些才智很高而不露锋芒的人，用“大巧若拙”来形容那些不自骄自夸，表面上看似笨拙，实际上很聪明的人。这些大智若愚、藏巧于拙的人往往能成就大事，反倒是那些自恃聪明、轻狂外露的人，常常会引起别人的忌妒，有时还会“聪明反被聪明误”，本来有可能成功的事却功亏一篑。所以，应该善于藏智于愚，藏巧于拙，谦虚谨慎，戒骄戒躁。让自恃聪明之人学会藏巧于拙是很难的，这一则的后半部分算得上一个不错的选择。古人讲究耕读传家，辛勤地耕种，能让内心无暇纵横恣肆，从而日益沉静；与圣贤书为伴，能接受先贤思想的熏陶。时间一长，轻浮之气就会消磨大半，道德修养也会得以提升。

第一一九则

原文

身不饥寒，天未曾负[1]我；学无长进，我何以对天。

【字词注解】

①负：亏待。

【精彩解说】

身体不遭受饥寒，就是上天没有亏待自己；学问没有长进，自己有什么面目去面对苍天。

【智慧解析】

这一则强调了读书人应该知足、感恩。在作者看来，物质享受是无关紧要的，只要腹不饥、身不寒，就是上天的恩惠了。当然，知足不等于止步不前。作者进一步说，既然上天已然施惠于你，你不努力让学业精进，岂非忘恩负义之人？其实不努力对不起的何止上天，还有父母、老师、友人等，对不起他们就更难以立身了。

第一二〇则

原文

不与人争得失，惟求已有知[1]能。

【字词注解】

①知：智慧。

【精彩解说】

不和他人去争论得失功过，只求自己能够不断增长智慧与才干。

【智慧解析】

人们都希望得到自己想要的，这是人之常情，也是一个人进取心的表现。但人生在世，难免会面对一些是非曲直，得失荣辱，对于这些，不要与人争一时得失，不要被名利所牵绊。当然，一味不争不过是懦弱退让，必须出手时也要当仁不让，这就要以实力为后盾。只要实力足够，即使让出一两次机会也无关紧要，终能抓住关键时机一鸣惊人。

第一二一则

原文

为人循矩度①，而不见精神，则登场之傀儡②也；做事守章程，而不知权变③，则依样之葫芦④也。

【字词注解】

①矩度：规矩法度。

②傀儡（kuǐ lěi）：木偶。用来比喻受人操控而不能自主的人。

③权变：随机应变。

④依样之葫芦：比喻模仿别人，毫无创见。

【精彩解说】

为人如果只知遵循规矩行事，而没有自主的精神，那就和戏台上的木偶没有两样；做事如果只知墨守成规，而不知随机应变，那只不过是依样画葫芦罢了。

【智慧解析】

一个人为人处世，自然要遵循一定的规矩和法度，这样才会使自己的言行举止不失大体。但是，所谓的规矩和法度会因时因地有所改变，所以，不能死守规矩和法度，要善于随机应变，这样才不会走入教条和僵化的死胡同。那么该如何处理规矩、法度、章程与自主和权变的关系呢？理想境界就是孔子所说的“从心所欲不逾矩”，凡事都顺从自己的心意和爱好，却不会偏离规矩、法度与章程，也就是说内心的尺度已经与“道”相和，不会去动离经叛道的念头，也就达到了圣人的境界。我们虽然难以达到这种境界，但可以在恪守底线的原则下根据实际情况灵活变通。

第一二二则

原文

文章是山水化境[1]，富贵乃烟云幻形[2]。

【字词注解】

①化境：幻化出来的境界。

②幻形：虚幻不实的形状，引申为假象。

【精彩解说】

文章就如同山水景色一般，是幻化的妙境；富贵就如同烟云一样，聚散不定，虚幻不实。

【智慧解析】

在古代，文章是出身普通的读书人获得富贵的唯一来源。因此，这一则就将二者放在一起展开讨论。在作者看来，文章的最高境界就是与自然合二为一，充满活力和生机，像是将美丽的山水搬到纸上一般。一定意义上，作者的文章观是对僵化的八股文的一种批判。而对于富贵，作者也表现出批判态度，认为富贵虚幻如烟、无法把握，可以一瞬间让一个人走上巅峰，一瞬间让其跌入深谷。

第一二三则

原文

郭林宗[①]为人伦之鉴，多在细微处留心；王彦方[②]化乡里之风，是从德义中立脚。

【字词注解】

①郭林宗（128—169）：郭泰，字林宗，东汉名士，被称为“天下楷模”，士子能拜访他的，被称为“登龙门”。郭泰生平好品评人物，而不为危言骇论，故党锢之祸得以独免。

②王彦方（141—219）：名烈，字彦方，东汉名士，平时以德行感化乡里，凡有争讼者，多来请教他，以判曲直。

【精彩解说】

郭泰鉴察品评人伦道德的时候，大多留心人们言辞和行动的细节；王烈教化乡里之风，总是以道德与正义为根本。

【智慧解析】

俗话说：“画人画皮难画骨”“知人知面不知心”。要鉴别一个人的品性，确实很难。但不管一个人伪装得多好，隐藏得多深，他的言行举止总会露出一些端倪，所以只要从细微处入手，仔细观察和分析，就不难了解一个人的品性优劣。一个人立身处世难免会遇到一些纷争，比如家庭成员之间、乡邻之间、朋友同事之间等等。面对这些纷争，应有豁达的气度，用自己的德行感化劝导他们，平息纷争，重归于好。综合来看，这一则是告诉我们，要想真正认识一个人，必须从细节入手，并要观察其德义方面是否有缺。

第一二四则

原文

天下无憨[1]人，岂可妄行欺诈；世人皆苦人，何能独享安闲。

【字词注解】

①憨（hān）：傻气，痴呆。

【精彩解说】

天下没有真正愚笨之人，怎能肆意欺诈别人；世上之人都在吃苦，怎能独自安享闲适的生活。

【智慧解析】

人难免对自己的才智有些自负，但切不可将他人视为愚人。在与人相交时，总以为对方不如自己聪明，很有可能中了“扮猪吃老虎”的计谋，落得聪明反被聪明误。就算不被“扮猪吃老虎”，总是摆出一副高人一等的嘴脸，很快就会遭人厌恶；同理，如果一个人对自己过着安闲富足的生活沾沾自喜，并以高人一等的态度待人，也会遭人厌恶。所以，做人必须要有同理心，无论精神方面还是物质方面，都要顾忌他人的感受，避免以自我为中心。

第一二五则

原文

甘受人欺，定非懦弱[1]；自谓予智，终是糊涂。

【字词注解】

①懦弱：胆怯怕事。

【精彩解说】

甘愿忍受欺侮的人，一定不是胆怯怕事的人；自以为聪明的人，终究还是糊涂之辈。

【智慧解析】

世上一般存在着两种人：一种人从来不愿意受人欺侮，另一种则是能够忍受别人的欺侮。后者如果没有足够的忍耐力和克制力，是很难做到的。这种人并非胆小怕事，也不是软弱无能，而是胸怀大志，早已把与世人之间的一些小恩怨置之度外了。有一些人，认为自己很聪明，并经常自恃其能，什么事都不想落后于别人，更不会受别人的欺辱。他们喜欢把别人当傻瓜一样愚弄欺辱，最终反而害了自己，聪明反倒成了糊涂。

第一二六则

原文

漫夸[1]富贵显荣，功德文章要可传诸后世；任教声名煊赫[2]，人品心术不能瞒过史官。

【字词注解】

①漫夸：胡乱地夸大。漫，随意，不受约束。

②煊赫：盛大显赫。

【精彩解说】

只知随意夸耀财富与地位，这都是不对的，功业和文章才能名垂千古；就算声名盛大显赫，也只是停留在当世，而个人的品行和居心是无法欺骗史官的。

【智慧解析】

在儒家学者眼中，功名利禄都是一时的，会随着人的去世而逐渐消亡，但功德和文章却可以永存。古人，特别是社会地位较高的人，都很重视自己在史官笔下的形象，希望能够在史册上留下美名。但如果他只是富贵显赫，既没有过人的文章，又没有杰出的品行，哪里值得载入史册呢？即便对于并没有“名留青史”的迫切愿望的普通人来说，修养人品的价值也不能用财富来估量。

第一二七则

原文

神传于目，而目则有胞①，闭之可以养神也；祸出于口，而口则有唇，阖②之可以防祸也。

【字词注解】

①胞：同一父母所生的孩子。同胞，喻指同一眼睛的上下眼皮。

②阖（hé）：关闭。

【精彩解说】

人的心神往往由眼睛传出，而眼睛有上下眼皮，闭合以后就可以颐养心神；祸从口出，而嘴巴有两片嘴唇，闭起来就可以避免祸端发生。

【智慧解析】

“眼不见，心不烦”，当我们看到徒然扰乱我们心志的东西时，不妨闭目养神，同时观照内心并自省，从而让心灵得到休息和升华。而对于言语，作者秉承一贯的慎言态度，正如孔子所说：“君子于其言，无所苟而已矣。”当然，如果面对不公的世事闭目不看，面对不平之事缄口不言，那么名为养神、免祸，其实都是逃避，是不可取的，我们不能不加甄别地接受。

第一二八则

原文

富家惯习骄奢，最难教子；寒士[1]欲谋生活，还是读书。

【字词注解】

①寒士：贫穷家庭的读书人。

【精彩解说】

富贵人家习惯奢侈浮华，对于他们来说教导子弟是不容易的；贫穷家庭的孩子要谋取生存之道，还是要靠读书。

【智慧解析】

作者创作此书的一大主旨，就是对子弟进行教育，因此不厌其烦地强调安贫乐道、潜心苦读等道理。在作者看来，富家子弟生活在优越的环境中，衣食无忧，很容易养成骄横奢侈的习性，这样的富家子弟很难养育成才。对贫寒的学子来说，读书是最好的出路。书读得越多，个人能力提升的空间会更大，为社会做出的贡献也会越大。

第一二九则

原文

人犯一苟[1]字，便不能振；人犯一俗字，便不可医。

【字词注解】

①苟：随便，草率。

【精彩解说】

一个人有了随便的毛病，便无法振作了；一个人如果流于世俗，就不可救药了。

【智慧解析】

这一则指出人两个无药可救的毛病：对自己苟且，在他人眼中俗气。如果一个人只看到眼前的蝇头小利，得过且过，就很容易懒散怠惰，不思进取，难有大的作为。人生短暂，要善于把握自己，完善自己，不流于世俗。一个人如果失去精神的寄托，满身俗气，就如同行尸走肉一般无可救药。只有力避庸俗，修身养性，不随波逐流，才能体现出自身的独特价值。

第一三〇则

原文

有不可及之志，必有不可及之功；有不忍言[①]之心，必有不忍言之祸。

【字词注解】

①不忍言：发现错误而不忍去指责、纠正。

【精彩解说】

一个人有他人所不能企及的志向，必能建立超越常人的功业；对人对事若发现错误而不忍心指正，那就会遭受由此带来的祸患。

【智慧解析】

这一则讲述的是自处与处世之道。从积极层面，作者认为一个人想要有大的作为，除了要有超出常人的才能，还必须胸怀大志，拥有坚韧不拔的意志。即使所立志向宏伟远大到令常人难以想象，只要坚持不懈，便会有实现的可能。而在消极层面，作者认为看到别人有过错，要及时善意地加以劝导，这才是君子所为。若是明知道别人做错了还不忍规劝，放任事情向着坏的方向发展，就可能造成严重的后果。

第一三一则

原文

事当难处[1]之时，只让退一步，便容易处矣；功到将成之候，若放松一着，便不能成矣。

【字词注解】

①难处：不好处理。

【精彩解说】

事情到了难以处理的地步，只需退让一步，就变得容易处理了；功业到了马上就要成功的时候，若是放松了一毫，就难以成功了。

【智慧解析】

处理事务时，难免会有一些矛盾和纷争，如果各执己见，只从自己的利益出发的话，事情就会变得无法解决。如果能适当做出谦让，从整体的利益出发看问题，就会更有利于事情的解决。“行百里者半九十。”想成就功业，除了有高远的目标和一往无前的勇气，还要有坚持不懈、咬定青山不放松的精神。因为事情越接近成功就越发困难，想要做事有始有终，就要坚定不移地走下去，一旦觉得胜利在望而松懈下来，就会功亏一篑。

第一三二则

原文

无财非贫，无学乃为贫；无位非贱，无耻乃为贱；无年非夭，无述[①]乃为夭；无子非孤[②]，无德乃为孤。

【字词注解】

①无述：没有什么值得记述的。

②孤：幼而无父。此处指孤独，被孤立。

【精彩解说】

没有钱财并不算贫穷，没有学识才是真的贫穷；没有地位并不算卑贱，没有廉耻之心才是真的卑贱；寿命不长不算是夭折，没留下可记述的事迹才算夭折；没有子嗣不算孤独，没有德行才是真的孤独。

【智慧解析】

这一则再度展现作者对终极价值的认识。每个人都有各自的命运，贫贱、富贵、长寿、早逝各不相同。一个人活得是否快乐，活得是否有价值，与他拥有的金钱、地位等都没有必然的联系，真正的核心还在于人的品德。如果一个拥有财富的人品行卑劣，精神贫乏，没有人会发自内心地与之交往。那么，他比生活在清贫中的人还要贫困。人的寿命有长短，但人生价值却并非用寿命来衡量。子孙满堂，是令人欣慰的事，但如果总做些败坏道德的事，必然会使人心生怨恨，因无人爱戴而陷入困境。

第一三三则

原文

知过能改，便是圣人之徒；恶恶[1]太严，终为君子之病。

【字词注解】

①恶恶（wù è）：憎恶坏人坏事。

【精彩解说】

能认识到自己的错误并且改正，便是圣人的弟子；憎恶、攻击坏人坏事过于严苛，终究会成为君子的过失。

【智慧解析】

“知过能改”，首先是能知过，肯自我反省，发现自己言行的不当之处，而不是狂妄自大，或是文过饰非、强词夺理。当认识到错误后能认真改正，就有进步的可能。如果能做到“闻过则喜”，更能成为胸襟宽广的正直君子。“水至清则无鱼，人至察则无徒”，如果一个人对待别人的缺点和过失丝毫不能容忍，就不能团结众人。应当在严于律己的同时宽以待人，给别人以悔过的机会，耐心地帮他们改正错误。当然，反对“恶恶太严”，也容易坠入恶的深渊，也是需要避免的。

第一三四则

原文

士必以诗书为性命①，人须从孝悌②立根基③。

【字词注解】

①性命：此处指安身立命的根本。

②孝悌（tì）：亦作“孝弟”，指孝顺父母，敬爱兄长，是封建伦理道德之一。

③根基：基础。

【精彩解说】

士子必须以诗书为安身立命的根本，做人必须以孝悌为立身处世的根基。

【智慧解析】

这一则涉及古代读书人的两大立身根基：读书与孝悌。无论是现实生活还是精神世界，二者都是读书人生命的根基。在古代，读书人唯一的出路就是出仕，读书求取功名，才能让他们走上仕途。因此，他们将诗书当作性命就不难理解了。此外，孝悌之举也是帮助读书人获得贤名乃至走上仕途的捷径。孝是对父母恭敬尊重，悌是“长幼有序，友于兄弟”。能孝敬父母的人懂得感恩，与兄弟和睦相处的人重义而不会忘本。因此，崇尚孝道的人懂得尊重他人，而崇尚悌者有仁爱之心。如果做人从基本的孝做起的话，就会养成高尚的人格。

第一三五则

原文

德泽[1]太薄，家有好事，未必是好事，得意者何可自矜？天道最公，人能苦心，断不负苦心，为善者须当自信。

【字词注解】

①德泽：德化和恩惠。

【精彩解说】

德化和恩泽过于绵薄，即便家中有好事降临，也未必是真的好事，那些一时得意的人有什么值得自我夸耀的呢？天道是最公平的，人如果能够刻苦努力，上天就一定不会让其苦心白白付出，行善的人心中要有这份自信。

【智慧解析】

天下人谁不希望自己的家中好事不断？但如果没有先兆，也不是努力换来的，有好事降临却未必有好的结局。因此，必须居安思危，时刻自省，并多行善事，才能有效避祸。当然，如果好事是自己靠辛苦换来的，那就可以坦然接受。天地间自有公道，如果一个人能够勤勉自省，多做有益于大众的事，把道义作为自己的行为准则，不去纠结是否能得到回报，时间久了，以至诚之心付出的人，必然会得到应有的回报，并得到众人的赞美和爱戴。

第一三六则

原文

把自己太看高了，便不能长进；把自己太看低了，便不能振兴[1]。

【字词注解】

①振兴：振作信心。

【精彩解说】

过于高估自己，就无法进步；过于轻视自己，就不能振作信心。

【智慧解析】

老子说："知人者智，自知者明。"能做到有自知之明非常不容易。人最看不清、最不了解的往往就是自己。有些人盲目自大，而有些人却把自己看得一文不值。高估自己的人目空一切、骄傲自满，看不到自己的不足，更不能容忍别人的意见。自卑的人正好相反，看不起自己，认为别人生来就比自己能力强。这样的思想容易导致自甘堕落，不能振奋起精神来取得进步。想要有所成就，就要摒除这两种极端的思想。只有自信而不骄狂，谦虚而不自贱，才能以独立健全的人格行走于世。

第一三七则

原文

古之有为之士，皆不轻为之士；乡党好事之人，必非晓事[①]之人。

【字词注解】

①晓事：通晓事理。

【精彩解说】

古代那些有作为的人，都不会轻率行事；乡里那些好惹是生非的人，一定不是通晓事理的人。

【智慧解析】

有作为的人，绝不是举动轻狂、贸然行事的人。因为想把一件事做成功，必然要事先审慎地思考规划，做事过程中坚持不懈，并在种种艰难险阻面前毫不退缩。一些没有见过世面又非常好事的人，常为一些微不足道的小事争论不休。他们之所以对鸡毛蒜皮的小事感兴趣，是由于他们的目光短浅，只能看到眼前的这些小利益，从来不会从宏观角度去分析。这样的人，只会搬弄是非，搅乱安宁。

第一三八则

原文

偶缘为善受累，遂无意为善，是因噎废食[1]也；明识有过当规，却讳言有过，是讳疾忌医[2]也。

【字词注解】

①因噎（yē）废食：吃饭时被噎住了，干脆连饭也不吃了。比喻怕出问题就索性不去做。

②讳疾忌医：对疾病有所忌讳，不想让人知道，不肯就医。比喻掩饰过失而不愿听人规劝。

【精彩解说】

偶尔因为做善事而受到牵累，就没有再做善事的想法了，这就像因为吃饭噎着了，就再也不进食了一样；明明知道自己有过错应当改正，却避谈自己的过错，就如同患了病却不愿意承认，不想医治一样。

【智慧解析】

做善事不一定能得到令人欣慰的回报，有时还会惹来一些麻烦，甚至引起误解。但如果因为个别现象而放弃行善的话，那么这个社会就会充斥着冷漠与自私。所以，要坚信行善是一种极为高尚的美好品德，助人为乐会提高自身的修养和道德情操，并能带动社会上的其他人伸出互助之手，这本身也不失为一种令人高兴的回报。接着，作者又做了延伸，提到及时改过的问题。如果一个人清楚地知道自己犯了错并应当改正，但却因为怕丢面子而忌讳提及，甚至文过饰非、掩盖缺点。这样就像得了病因为怕人知道而不愿接受治疗一样，时间久了，缺点和错误只能越来越多。

第一三九则

原文

宾入幕中[1]，皆沥胆披肝[2]之士；客登座上[3]，无焦头烂额[4]之人。

【字词注解】

①宾入幕中：本指旧时进入幕府参与议事的人，后比喻极其亲近并信任的人。

②沥胆披肝：比喻竭尽忠诚。

③客登座上：本指被引为上座的宾客，形容极其亲近的朋友。

④焦头烂额：本来形容救火时被烧伤，后来比喻处境狼狈。

【精彩解说】

凡被自己视为亲近可信的人，必须是能对自己竭尽忠诚之士；能被自己当作密友的人，必定不是狼狈窘迫的人。

【智慧解析】

交友不在数量众多，而贵在以诚相待，历史上有名的“管鲍之交”

是后人交友的典范。朋友之间若想建立长期稳固的友谊，首先是要志同道合、相互敬佩，并且能相互指正与规谏，值得信任并托付大事。朋友是与我们密切接触的人。因此，交友时要有所选择。品性良好、出类拔萃的人会促进我们奋斗进取，而苟且猥琐、毫无志向的人，非但不能激励我们，反而会让我们沾染上不良习气。

第一四〇则

原文

地无余利，人无余力，是种田两句要言①；心不外弛，气不外浮，是读书两句真诀。

【字词注解】

①要言：至理名言。

【精彩解说】

土地要充分开发利用，人的力量应得到全面发挥，这是耕作时要明白的两句名言；心神要专注，心气不外浮，这是读书时要谨记的两个诀窍。

【智慧解析】

我们想把一件事做成功，要在充分利用客观条件的同时，充分发挥主观能动性，尽自己最大的努力去完成，切不可错失机会、浪费时间。这与种田的道理相同，想要使土地生产出更多的农产品，就不能偷懒拖延，让土地荒废，而是要精耕细作，使土地发挥出最大的效益。读书、做学问也是如此，贵在专心致志，切忌心浮气躁。读书不能集中精力，必然达不到应有的效果。

第一四一则

原文

成就人才，即是栽培子弟；暴殄天物[①]，自应折磨儿孙。

【字词注解】

①暴殄（tiǎn）天物：原指残害世间万物，后指任意浪费，不知爱惜。殄，灭绝。

【精彩解说】

造就人才，就相当于栽培自己的子弟；不知爱惜物力，任意浪费，自然会使儿孙遭遇磨难。

【智慧解析】

千里马常有，而伯乐不常有。优秀的人才十分难得，但善于发现人才的人更为难得。拥有一定地位的人，能够发现、点拨和提拔人才，使其能够施展自己的才华，这就如同培养自己的子弟一样令人欣慰。拥有富贵的人，如果骄奢淫逸、任意浪费，就容易不思进取、败德败家。这样不会给后代带来幸福，反而会累及子孙。

第一四二则

原文

和气迎人，平情应物①；抗心希古②，藏器待时③。

【字词注解】

①平情应物：以平常心对待事物。

②抗心希古：心志高远，以品德高尚的古人为榜样。抗，通“亢”，高尚。希，仰慕。

③藏器待时：怀才以等待机会。器，指才华。

【精彩解说】

用和气对待别人，用平常心对待事物；心志高远、仰慕古人，怀才等待施展才华的时机。

【智慧解析】

中国人讲求“和气生财”，崇尚和睦相处。和气待人不是软弱，也不是一味迎合别人，而是相互尊重、相互谅解，把矛盾化解于无形之中。“榜样的力量是无穷的”，以先贤的高尚品质作为自我奋进的目标，并善于激励自己，就会产生向上的动力。通过勤奋学习，打好坚实的基础，就只需等待施展才华的时机。毕竟，机会只留给有准备的人。

第一四三则

原文

矮板凳，且坐着[①]；好光阴，莫错过。

【字词注解】

①矮板凳，且坐着：形容读书、做学问要能坐得住，耐得住寂寞。

【精彩解说】

矮小的板凳，姑且坐着；大好的光阴很容易流逝，不可轻易错过。

【智慧解析】

“不经一番寒彻骨，哪得梅花扑鼻香。”无论是做事，还是做学问，都要耐得住寂寞，能沉下心来，踏踏实实地付出努力，才能有所成就。时光短暂易逝，只有珍惜时间，把握机会，以有用之身做有用之事，发挥出最大的潜能，才能实现人生价值，活出个人的精彩。

第一四四则

原文

天地生人，都有一个良心；苟丧此良心，则其去[1]禽兽不远矣。圣贤教人，总是一条正路；若舍此正路，则常行荆棘[2]之中矣。

【字词注解】

①去：距离。

②荆棘：比喻困境。

【精彩解说】

人生在天地之间，都有一颗良善之心；如果丧失了这颗良善之心，那么就离禽兽不远了。圣贤教化别人，总是劝人走一条光明大道；如果舍弃了正路，就会像走入荆棘丛中一样寸步难行。

【智慧解析】

世上的人都应该有一颗善良仁爱的心。孟子说“人性本善”，并认为人有“四心”，即恻隐之心、羞恶之心、辞让之心和是非之心。

这些都是人内心本来就有的。而一个人一旦失去了恻隐、羞恶、辞让、是非这四种基本良知和判断，就和禽兽没有什么不同了。人要走正路，要有高洁的品格，这样才能端正做人。圣贤从来都是劝导人向善，教人以“仁、义、礼、智、信”等做人的基本原则。如果遵循这些正确的原则做事，人生之路就会越来越宽广。如果认为认真做人做事太过迂腐，而想走旁门左道的话，也许会一时得意，但终究会自食其果。

第一四五则

原文

世上言乐者，但曰读书乐，田家乐；可知务本业[①]者，其境常安。古之言忧者，必曰天下忧，廊庙[②]忧；可知当大任者，其心良苦。

【字词注解】

①务本业：专心从事自己的职业或专业。

②廊庙：庙堂，多指代朝廷或国家大事。

【精彩解说】

世人谈到快乐的事，只说读书求知乐，耕作收获乐；由此可见专心从事本业的人，常处于快乐安宁的境地。古人说到忧心的事，一定是指为天下苍生、国家政事而担忧；由此可见身负重任的人，真是用心良苦。

【智慧解析】

世人都想得到幸福与快乐，却常常因为盲目追求名利而使自己陷入烦恼之中。相比之下，专心读书和从事本业的人，往往能远离纷扰的世界，在宁静的生活中自得其乐。一个心怀天下的人，时刻心系苍生，确实用心良苦。正是他们这种以天下为己任的精神，激励着无数人公而忘私，不计利害得失，为民众造福。

第一四六则

原文

天虽好生，亦难救求死之人；人能造福，即可邀悔祸[①]之天。

【字词注解】

①悔祸：避免祸乱发生。

【精彩解说】

上天虽然有好生之德，但也很难拯救一心想死的人；人如果努力做善事造福他人，就能得到上天的赦免，免除灾祸。

【智慧解析】

这一则从生与死两方面展现出生命的可贵。古人认为，身体发肤受之父母，所以对轻生之举持否定态度。但作者也清楚，上天虽有好生之德，却无法让一心求死的人回心转意。于是，作者苦口婆心地劝说道，只要平时多造福、不造孽，就不会遇到什么过不去的坎。即使遇到灾祸，也会逢凶化吉，哪里有必要轻生呢？此处是有关天道信仰的迷信成分，但也包含着对正义的信仰，有一定的积极意义。

第一四七则

原文

薄族[1]者，必无好儿孙；薄师[2]者，必无佳子弟；吾所见亦多矣。恃力[3]者，忽逢真敌手；恃势[4]者，忽逢大对头；人所料不及也。

【字词注解】

①薄族：刻薄地对待族人。

②薄师：刻薄地对待师长。

③恃力：倚仗力气欺人。

④恃势：倚仗势力压人。

【精彩解说】

对待族人冷淡刻薄的人，一定没有好儿孙；刻薄地对待师长的人，一定没有优秀子弟；这种情形我已经见过很多。倚仗力气欺人的人，必然会遇到比自己力量更大的敌人；倚仗势力欺人的人，也会遇到势力更强的对手；这都是最初难以预料到的事。

【智慧解析】

一个对待身边亲人都刻薄寡恩的人，一定是心胸狭隘、丝毫没有爱心的人。这样自私自利的人，必然不是孝敬的儿孙，很难指望他对社会做出怎样的贡献。当他有了自己的后代，他的儿孙也不会愿意接近他。同样的道理，一个对待师长薄情寡义的人，就算学习再突出也算不上是好学生，因为他的品行不好。这样的人当了老师后，他的学生也不会尊重他。可见，要谦虚谨慎，不可焦躁，不要倚仗优势或权势来与人争斗。那些横行霸道、为所欲为、作恶多端的人，迟早会遇到更强的敌手，最终一败涂地。当然，作者将惩治恶人的希望寄托给天道，还是很可悲的。

第一四八则

原文

为学不外“静”“敬”二字，教人[1]先去“骄”“惰”二字。

【字词注解】

①教人：教导别人。

【精彩解说】

求学问不外乎“心静”“持敬”两个要点，教导别人要先去掉“骄傲”“懒惰”两个毛病。

【智慧解析】

这一则作者对理学思想做了一个小小的总结。“主静”是北宋大儒周敦儒的主张，“持敬”则是南宋大儒朱熹的主张。“静”是指治学读书要沉下心来，坚持不懈；而“敬”是指做学问要秉承严谨负责的态度。做学问不仅要心静、敬畏，还要破除魔障。做学问时的障碍逃不过“骄”和“惰”两个字，要想有所建树或教导别人成才，就一定要扫除它们。这是因为当一个人产生骄傲自满或懈怠懒散的心态时，就很难再取得进步。骄傲自大容易让人沉迷于已经取得的成绩，不再积极上进，也难以在探究学问的道路上走得更远。

第一四九则

原文

人得一知己，须对知己而无惭[1]；士既多读书，必求读书而有用。

【字词注解】

①无惭：没有愧疚之处。

【精彩解说】

人难得遇到一位知己，应该做到面对知己时，问心无愧；士子既然读了很多书，就要做到将学问用之于世。

【智慧解析】

"千金易得，知己难求"，知己之间应该互相信任，惺惺相惜，真诚相待，不该存在掩饰、虚伪等不实之举。与知己相交但求共同进步，读书则求用之于世。当然，这里的"有用"不仅是功利性质的，也包括济人、济世方面的内容。

第一五〇则

原文

以直道[①]教人，人即不从，而自反无愧[②]，切勿曲以求容[③]也；以诚心待人，人或不谅[④]，而历久自明，不必急于求白[⑤]也。

【字词注解】

①直道：正直的道理。

②自反无愧：自己反省起来，也问心无愧。自反，自我反省。

③曲以求容：曲意迁就以博得他人高兴。

④谅：信任，谅解。

⑤求白：设法为自己辩白。

【精彩解说】

用正直的道理教导别人，即便别人不听从，至少自己反省的时候问心无愧，千万不要靠曲意逢迎来博得别人高兴；用诚恳的态度对待别人，别人或许当时会误解，但日久见人心，不用急着去辩解。

【智慧解析】

直道就是耿直、刚毅之道。作为正人君子，在提高自身品德的同时，还应该以正直的道理感化其他人向善、上进，这样才能做到问心无愧。即使对方一时听不进去，但等到他冷静下来之后，通过认真思考，就会感悟到你的规劝的合理之处，从而改过自新。一个人能以一颗诚恳的心对待他人，表明他有着良好的道德素养。以诚待人，有时可能不被人理解，甚至还可能被人误会。这时就需要以豁达的心胸来对待，只要做到了问心无愧，时间长了，别人就能明白你的心意。

第一五一则

原文

粗粝[①]能甘，必是有为之士；纷华[②]不染，方称杰出之人。

【字词注解】

①粗粝：粗粮。这里形容艰苦的生活。

②纷华：繁华富丽。

【精彩解说】

能够甘于粗茶淡饭的人，必然是大有作为的人；能够不受声色荣华影响的人，才能称为杰出的人。

【智慧解析】

古人云："嚼得菜根，则百事可做。"甘于清贫的人，往往能够成就大事。他们心境平和，能够不被外物牵累，而且很难沾染上各种恶习，能够一心一意做事业，自然更容易成功。那些处于富贵荣华中的人，由于面临的诱惑更多，更容易染上各种恶习；若他们能"出淤泥而不染"，也会是杰出的人才。

第一五二则

原文

性情执拗之人，不可与谋事也；机趣[1]流通[2]之士，始可与言文也。

【字词注解】

①机趣：风趣。

②流通：通畅无碍。

【精彩解说】

性情固执偏激的人，往往不能与之共同谋划大事；风趣且通达的人，才能够和他谈论学问。

【智慧解析】

只依着自己的性子去做事而不理智的人，外不能看到事情的变化，内不能看到自己的偏执和缺失，和这种人一起做事，不但于事无益，而且处处受阻。“酒逢知己千杯少，话不投机半句多。”文章是性情的流露，志趣是感情的媒介。在有共同爱好、兴趣的基础上，活泼、机灵的人，适应性强，聪明有灵气，这样就易于疏通感情，领悟文学的韵味。

第一五三则

原文

不必于世事件件皆能，惟求与古人心心相印①。

【字词注解】

①心心相印：心意相通。

【精彩解说】

世上的事情没必要件件都知道得很清楚，只希望和古人的心意情趣能够相通。

【智慧解析】

世事繁杂，学问广博，要想事事通透，样样都精，是不现实的，所以古人说："闻道有先后，术业有专攻。"现代社会分工更加细密，行业越来越多，而人的生命有限，精力有限，能在自己所处的行业中有所成就也算是有益于社会了。在获得知识的同时，古人也追求与古人思想与精神境界相通，得到精神上的满足。

第一五四则

原文

夙夜[1]所为，得无抱惭于衾影[2]；光阴已逝，尚期收效于桑榆[3]。

【字词注解】

①夙夜：早晚，朝夕。

②无抱惭于衾（qīn）影：语出刘昼《刘子·慎独》：“独立不惭影，独寝不愧衾。”后将私生活中没有丧德败行之事称为“衾影无惭”或“无惭衾影”。衾，被子。

③桑榆：喻指晚年。

【精彩解说】

每天早晚的所作所为，想来都不会抱惭于心；人生的光阴虽已经逝去，还是希望晚年仍能有所成就。

【智慧解析】

人的一生怎样度过，是在浑浑噩噩中一无所成，还是在踏踏实实的奋斗中不断收获，不同的人生态度有不同的回答。如果蹉跎岁月，自然无所收获，只能是老大徒伤悲；而积极进取的人生，自然会一分耕耘一分收获。有时候，虽然努力去做，却难以一下子见到成效，但只要尽心尽力了，便也无愧于心。而且，就算努力半生依然没能取得成就，还是不能放弃希望，只要肯拼搏什么时候都不晚。

第一五五则

原文

念祖考[①]创家基，不知栉风沐雨[②]，受多少苦辛，才能足食足衣，以贻[③]后世；为子孙计长久，除却读书耕田，恐别无生活，总期克勤克俭[④]，毋负先人。

【字词注解】

①祖考：祖先。

②栉（zhì）风沐雨：以风梳发，以雨洗头。比喻奔波劳苦，不畏风雨。

③贻：留给，遗留。

④克勤克俭：既勤奋又节俭。克，能够。

【精彩解说】

祖先创立家业，不知道经过了多少风雨，受了多少磨难，才能做到丰衣足食，将家业传给后世；为子孙谋划长远的发展之道，除了读书和种田，恐怕再没有更好的生活方式了，希望子孙们能够保持勤俭，不要辜负了先人。

【智慧解析】

中国人极重视家业的传承，每个人都想不辜负祖先的期望，同时期待后人延续家业的辉煌。家业的兴盛往往是通过祖辈几代人的努力，才换来丰衣足食，要饮水思源，时刻牢记创业的艰辛，守好祖宗留下的基业，并好好教导自己的子孙后代。为子孙的长远计，应该让子孙读书学好知识，并掌握劳动的技能，还要保持勤俭，这样才能够继承家业，不辜负先辈的期望。

第一五六则

原文

但作里中[①]不可少之人，便为于世有济[②]；必使身后有可传之事，方为此生不虚。

【字词注解】

①里中：乡里。

②济：接济，帮助。

【精彩解说】

只要能够成为乡里不可缺少的人，就是对于世人有所帮助；一定要使身后有为人称道的事迹，才是不枉这一生。

【智慧解析】

古人有浓厚的乡里情结，希望自己的能力得到社会的认可，更希望能在本乡本土有很高的威信。在此基础上将眼界放宽，就能成为更大范围内不可缺少的人，那么对社会的贡献就会更大。人生不过百年，有的人活一辈子，碌碌无为，死后不留一点儿痕迹，而有的人在活着的时候或著书立说，或发明创造，或建功立业，或为社会留下大量财富，这样的人死后能名传千古。

第一五七则

原文

齐家[1]先修身[2]，言行不可不慎；读书在明理[3]，识见不可不高。

【字词注解】

①齐家：治理家务。

②修身：修养身心。

③明理：明白事理。

【精彩解说】

治理家庭首先要注重自我修养，一言一行都要十分谨慎；读书在于明达事理，定要使自己的见识高超。

【智慧解析】

古人以修身、齐家、治国、平天下作为人生追求的目标，而修身乃修养的基础，己身不修，何论齐家，更谈不上治国平天下的大业。修身的首要目标，在于自身言行谨慎得当从而能成为人们的楷模，同时要不断读书明理，提升自己。读书要懂得其中的义理才能提高见识，不然就是读尽天下的书，也没有什么益处。要明白其中的义理，就必须专心致志，如果读书时不能心无旁骛，必定不能理解其中的精微之处。

第一五八则

原文

桃实之肉暴于外，不自吝惜，人得取而食之；食之而种其核，犹饶生气焉，此可见积善者有余庆[①]也。栗实之肉秘于内，深自防护，人乃破而食之；食之而弃其壳，绝无生理矣，此可知多藏者必厚亡[②]也。

【字词注解】

①余庆：也作“余福”，即泽被后人。

②厚亡：损失很大。

【精彩解说】

桃的果肉露于外，毫不吝惜给人食用；人们吃完果肉之后将果核种入土中，使其生生不息，可见多做善事的人必定会恩泽后代。栗子的果肉深藏在皮内，自己严加防护，人们必须撕开果壳才能吃它；吃完之后将果壳丢弃，因此无法生根发芽，可见吝于付出的人往往会损失惨重。

【智慧解析】

这一则运用两个浅显而形象的比喻，讲述了出世的较为深奥的道理。作者借“慷慨”的桃子告诉我们，行善既能帮助他人，也能让自己“手有余香”，得到他人的爱戴，最终还是会给自己带来福泽。接着，又借“吝啬”的栗子告诉我们，如果只顾积聚财富而不愿意帮助他人，容易引发不满，给自己带来烦恼乃至祸患。

第一五九则

原文

求备[1]之心，可用之以修身，不可用之以接物；知足之心，可用之以处境[2]，不可用之以读书。

【字词注解】

①求备：求全责备，即追求完美。
②处境：处于外界环境。

【精彩解说】

求全责备之心，用在自身的修养上，不可用在待人接物上；易于满足之心，可以用在适应环境上，不可用在读书求知上。

【智慧解析】

修身必须律己，应该尽量严格要求，于微细处体现出涵养与气度，才能不断进步。但在与人相处时却不能处处苛求，应该多看到他人的长处，容忍他人的短处，求全责备并非君子所为。人可以通过不断的努力奋斗来改善自己的境遇，但是有时自身的处境是由多种因素所决定的，往往非人力所能改变，这就要有知足常乐的心境。而学习则不同，学海无涯苦作舟，学问愈是长进，愈觉自己无知。一日不学，则一日退步；一时满足，则时时无知。

第一六〇则

原文

有守虽无所展布①，而其节不挠②，故与有猷③有为而并重；立言即未经起行④，而于人有益，故与立功立德而并传。

【字词注解】

①展布：本指陈述，这里指施展、推广。

②挠：屈服。

③猷（yóu）：道义，法则。

④未经起行：没有付诸行动。

【精彩解说】

具有良好操守的人，虽对道义并无推广之功，然而其志节不屈，所以和有贡献、有作为一样被人看重；著书立说宣扬道理，虽未以行动付诸实践，但对听闻的人有益，所以和立事业、建功德一样不朽。

【智慧解析】

有守、有猷、有为，即有操守、有道义、有作为，这三者都是对人的基本要求，但是如果客观环境不具备使我们有所作为的条件，退而求其次，能够有良好的操守，坚持志节不屈不挠，也是与有道义有作为同样伟大。立言、立功、立德，即建立学说、建立事业、建立圣德，这是建立不朽功业的三个层次。虽然古人认为“太上有立德，其次有立功，其次有立言，虽久不废，此之谓不朽”，但是同时做到三者而不朽的毕竟有限，能够做到立言传之久远，也可以说是与立功、立德同样伟大了。

第一六一则

原文

遇老成人[1]，便肯殷殷[2]求教，则向善必笃[3]也；听切实话，觉得津津有味，则进德可期也。

【字词注解】

①老成人：年高有德的人。

②殷殷：恳切，诚恳。

③笃：深重。

【精彩解说】

遇到年高有德的人，便肯虚心求教，那么求善之心必定十分真诚；听到诚恳实在的话，便觉得津津有味，那么德业的长进就有望了。

【智慧解析】

虚心使人进步。年老德高之人，有十分丰富的成功经验与人生教训，能够多听从他们的教诲，自然就可以少走弯路，避免误入歧途。但凡实话，多是质朴平实之言，既非奉承，更非谄媚，有时甚至还十分逆耳，所以很多人一听到实话，就心中不悦，甚至变颜震怒，哪里还会去品味其中的道理呢？如果听得进实话，还能品味出其中的滋味，那么此人的德量与修养一定不俗，日后更会不断进步。

第一六二则

原文

有真性情[1]，须有真涵养；有大识见，乃有大文章。

【字词注解】

①性情：人的秉性和气质。

【精彩解说】

要有至真无妄的性情，必须先要有真正的涵养；要有宏远广博的见识，才能写出不朽的文章。

【智慧解析】

古人崇尚自然，认为人性能够顺应自然、不加矫饰，就是真性情。而要想获得真性情，不经长期的道德涵养是不行的。有了真涵养，就会有大识见；有大识见，才能写出大文章。而所谓的大文章，就是指能够指点迷津，带给人智慧、文明与道德等方面的文章。这样的文章，会与其具有真性情、真涵养与大识见的作者一起流传百代。

第一六三则

原文

为善之端无尽，只讲一“让”[1]字，便人人可行；立身之道何穷，只得一“敬”字，便事事皆整。

【字词注解】

①让：礼让，推辞。

【精彩解说】

做善事是没有止境的，只要能做到一个“让”字，那么人人都可以行善；立身处世的方法也没有穷尽，只要做到一个“敬”字，那么所有事情都井然有序。

【智慧解析】

广义的善，不仅包括慈善，也包括符合社会道德的一言一行、一举一动。广义之善的无穷无尽，难以全部做到，但只要学会礼让，自然“退一步海阔天空”。要在社会上安身立命，需要敬重他人、尽心行事，所有的事情就都能井然有序。

第一六四则

原文

自己所行之是非，尚①不能知，安②望知人；古人以往之得失，且不必论，但须论己。

【字词注解】

①尚：尚且，还。

②安：哪里，怎么。

【精彩解说】

自己的所作所为是对还是错，自己都不知道，哪能了解别人？过往的古人的得与失，且不去评论，先要对自己的行为做出判断。

【智慧解析】

老子说："知人者智，自知者明。"一个人如果无法清楚地了解自己，更别想了解别人了。只有知道自己的优点和缺点，才能扬长避短，并推而广之，了解他人。继续延伸，就能了解古人。但是由于时代背景已大不相同，我们不要轻易议论古人的得失，只要从古人那里得到值得借鉴的东西就够了。

第一六五则

原文

治术[1]必本儒术者，念念[2]皆仁厚也；今人不及古人者，事事皆虚浮[3]也。

【字词注解】

①治术：治理国家的方法。

②念念：每一个念头。

③虚浮：空虚而轻浮。

【精彩解说】

治理国家的方法一定要以儒家的思想为根基，原因是儒家的治国之道处处体现仁爱宽厚之心；现在的人之所以不如古人，是因为现在的人做事都有虚浮不实在的弊端。

【智慧解析】

一种思想能否被社会所认同，要看其能否使社会和谐、百姓安乐。儒家思想之所以在古代受到推崇，就是因为其以仁爱为本，对当时社会的发展起到了积极的作用。借古非今是儒家常用的议论手法，作者也不例外，他认为同时代的人为名利所诱，多了一些虚浮之心，少了一些扎实的色彩，所以产生今不如昔的感叹。但是社会是不断向前进步的，盲目地厚古薄今也是不对的。

第一六六则

原文

莫大[1]之祸，起于须臾[2]之不忍，不可不谨。

【字词注解】

①莫大：再大的。

②须臾：片刻。

【精彩解说】

人生再大的祸事，也是由于一时不能忍耐而造成的，所以行事不能不谨慎。

【智慧解析】

食人间烟火，必有七情六欲，但情绪的宣泄也要讲究一定的方法。为人处世，最主要的是不能轻浮躁动，否则会失去对事物的正确判断，也不能拿出正确的应对方法，不能成事，只会误事。因须臾之不忍而酿成大祸的事例屡见不鲜，故学会忍让是必要的。忍则谨慎，忍则冷静，忍得一时之气，免去百日之忧。

第一六七则

原文

家之长幼，皆倚赖[1]于我，我亦尝体其情否也？士之衣食，皆取资于人，人亦曾受其益否也？

【字词注解】

①倚赖：依靠。

【精彩解说】

家中的老小都依靠我生活，我是否设身处地去体会过他们的心情呢？读书人的衣食都是他人生产出来的，他人是否曾从我们身上得到些益处呢？

【智慧解析】

作为家长，一家长幼大小都靠自己来安排，所以一定要谨守礼法，以一言一行来带动大家；同时，还要避免家长作风，充分考虑大家的需要，使家庭成员之间互相帮助，融为一体。由于社会分工的原因，每个人在为别人服务的同时，也享受他人为自己的服务。社会分工越细致，这种联系就越紧密。读书人钻研学问的目的，仍然是为了经世致用，服务于社会大众，同时社会又为读书人创造了做学问的良好条件，在人人为我、我为人人的环境中，共同促进社会的发展。

第一六八则

原文

富不肯读书，贵不肯积德，错过可惜也；少不肯事长[①]，愚不肯亲贤[②]，不祥莫大焉。

【字词注解】

①事长：侍奉长辈。

②亲贤：亲近贤达的人。

【精彩解说】

富有之时不肯好好读书，显贵之时不肯行善积德，错过了机会实在可惜；年少之时不肯敬奉长辈，愚昧无知却不肯亲近贤人，这就是最大的不祥之兆。

【智慧解析】

富有的条件能提供良好的读书环境，且不必为生计操心；显达的时候正是可以凭着地位和力量去行善事，造福社会的时候。如果不知道把握时机去读书与积德，一旦这些良机消逝了，再想全心读书，多行善事，就太困难了。同理，少年人不肯敬奉父母，甚至忤逆长辈；愚昧的人不肯向贤者请教，而刚愎自用，这两者都是极危险的事。因为少年人与愚昧之人往往无知，凭其血气之勇行事，若无长辈与贤者在一旁敦促，极可能误入歧途，自毁前程。无知的行为所造成的损害是难以估量的。

第一六九则

原文

自虞廷[①]立五伦[②]为教，然后天下有大经[③]；自紫阳集四子成书[④]，然后天下有正学[⑤]。

【字词注解】

①虞廷：虞舜之世。舜为有虞氏。

②五伦：中国古代社会将君臣、父子、兄弟、夫妇、朋友之间的人伦关系称为“五伦”。强调君臣有义、父子有亲、夫妇有别、长幼有序、朋友有信。后来这些成为封建社会的道德规范。

③大经：常规，常道。

④紫阳集四子成书：南宋理学大家朱熹集注《论语》《孟子》《大学》《中庸》四书而成《四书集注》，成为后来科举考试的主要依据。朱熹（1130—1200），南宋著名思想家、教育家，理学思想集大成者，他的思想成为元、明、清三代的官方哲学，影响极为深远。紫阳，朱熹晚年曾主持和建立了紫阳书院，故别号为“紫阳先生”。

⑤正学：中正之学。

【精彩解说】

自从虞舜创立了五伦之教，天下才有不可变易的人伦大道；自从朱熹集注《论语》《孟子》《大学》《中庸》四书，天下才确立了一切学问奉为准则的中正之学。

【智慧解析】

“大经”“正学”就是此书的思想来源，作者在这里表达了推崇之意。相传虞舜是上古部落的首领，他主持制定了五种人伦关系，人类因此具有了不可变易的人伦大道。朱熹一生勤于思考，精于钻研，并集《论语》《孟子》《大学》《中庸》四书作注，宣扬其理学思想，成为一代理学宗师。后来历代统治者将此作为官方的正统学说。

第一七〇则

原文

意趣[1]清高，利禄不能动也；志量远大，富贵不能淫也。

【字词注解】

①意趣：心意志趣。

【精彩解说】

心意志趣清雅高尚的人，钱财官位是不能动摇他的志趣的；志气胆略远大的人，即使荣华富贵也不能迷乱其心志。

【智慧解析】

志趣高雅的人，心中所爱的不是功名利禄，而是自由清雅的人生情趣，例如不为五斗米折腰的大诗人陶渊明，就视利禄如敝屣，创作出大批优秀诗歌。孟子说：“贫贱不能移，威武不能屈，富贵不能淫，是为大丈夫。”大丈夫胸怀鸿鹄之志，意在驰骋千里，其最终目的是救国救民，富贵荣华不是他追求的人生目的，又怎么会沉醉于富贵之中而迷乱心志呢？

第一七一则

原文

最不幸者，为势家女作翁姑[①]；最难处者，为富家儿作师友。

【字词注解】

①翁姑：公婆。

【精彩解说】

最不幸的事，是给有钱有势人家的女儿做公婆；最难自处的，是做了富家子弟的老师或是朋友。

【智慧解析】

有钱有势人家的小姐，大都从小娇生惯养，颐指气使，即使嫁作他人妇，往往也难改其骄蛮习性；做她的公婆，容易受气并不好处理关系。富家公子哥，也有不少骄横不可一世的，做他们的老师、朋友，往往难以相处。当然，现实中也有不少富贵人家的儿女为人谦和有礼，待人温和有度，并在事业上取得了不小的成绩。之所以有这样的差异，关键还在于家庭教育。

第一七二则

原文

钱能福人[1]，亦能祸人，有钱者不可不知；药能生人[2]，亦能杀人，用药者不可不慎。

【字词注解】

①福人：使人得福。

②生人：使人生存，使人活命。

【精彩解说】

钱财能够造福人，也能给人带来祸殃，有钱人不能不明白这个道理；药材用对了能救人，用错了也能害人，用药的人不可不谨慎。

【智慧解析】

金钱可以满足我们的物质需要，但也可能招致祸患。药物用好了能救人，但用错了就会害人。万事万物又何尝不是如此？任何事情，都有正反两面，这是事物的内部矛盾决定的。关键是要一分为二地看问题，认清事物的利弊，采取有效的措施，趋利避害。

第一七三则

原文

凡事勿徒[1]委于人，必身体力行，方能有济[2]；凡事不可执于己[3]，必广思集益，乃罔[4]后艰[5]。

【字词注解】

①徒：仅，只。

②济：成功，成就。

③执于己：固执己见。

④罔：无，没有。

⑤后艰：以后的艰难困苦。

【精彩解说】

不要什么事都想着拜托给别人，而应当身体力行，这样最后才能获得成功；不要什么事都固执己见，一定要集思广益，才能避免以后的艰难困苦。

【智慧解析】

一个人要想有所成就，就一定要身体力行，并在此过程中积累知识和经验，不断提升、完善自我，这样，成功才有可能。古人云："集合众智，无往不利。"一个人的智慧总是有限的，而集体的力量是无穷的。集思广益，就能集合大家的智慧，把问题看得更清楚、更明白，就能"无往而不胜"。

第一七四则

原文

耕读固是良谋[①]，必工课无荒[②]，乃能成其业；仕宦[③]虽称显贵，若官箴[④]有玷[⑤]，亦未见其荣。

【字词注解】

①良谋：此处指好出路。

②工课无荒：耕作和读书没有荒废。

③仕宦：做官。

④官箴（zhēn）：原指百官对帝王的劝诫，后指对官吏的劝诫。箴，劝告，规诫。

⑤玷（diàn）：原指玉的斑点，引申为过失、缺点。

【精彩解说】

耕作与读书固然是好出路，但务必勤奋，两者都不可荒废，这才能成就事业；入仕为官虽然称得上显贵，但一旦玩忽职守，就会荣耀尽失。

【智慧解析】

“耕读”是中华民族的传统，被认为是两条“成其业”的正途。但要真正能够有所成就，就一定要在“勤”字上下功夫，不能荒芜了田地，更不能荒废了学业，否则只能是一事无成。不仅耕读是如此，其他各行各业都是如此。耕读有成并入仕为官，虽然是显达的事，但如果只知敛财，鱼肉百姓，那得到的只能是千古骂名；只有“为官一任，造福一方”，才能赢得百姓的称誉，千古流芳。

第一七五则

原文

儒者多文为富，其文非时文[1]也；君子疾名不称[2]，其名非科名也。

【字词注解】

①时文：科举应试之文，明清时期称八股文为“时文”。

②疾名不称：担心自己的名声不能得到传扬。疾，担心，忧虑。称，称誉，褒扬。

【精彩解说】

读书人当以文章著述为财富，但这些文章绝非应付科举考试的八股文；君子担心自己的名声不被世人颂扬，但这名声绝非科举考试取得的功名。

【智慧解析】

作者王永彬是个不喜科举的底层文人，因此对八股文和科举考试颇有微词。他认为有价值的文章，才是读书人真正的财富。好的文章，好比钻石，具有恒久的灿烂与光华；那些表面文辞动人，实则内容空洞的应景文章，就好比玻璃珠，纵有一时光鲜的外表，却经不起细心的推敲和时间的考验。君子求名，求的不是科举之名、官场之名、名位之名，而是道德彰著的德名、功勋卓著的功名、学有所成的学名。如果舍后者而逐前者，那就真的是舍本逐末了。

第一七六则

原文

“博学笃志，切问近思”①，此八字，是收放心②的功夫；“神闲气静，智深勇沉”③，此八字，是干大事的本领。

【字词注解】

①博学笃（dǔ）志，切问近思：语出《论语·子张》，指广泛涉猎，意志坚定，诚恳求教，用心思考。笃志，专心致志。笃，真诚，纯一。切问，极力向人请教。

②收放心：收回放纵散漫的心，专心于学。

③神闲气静，智深勇沉：从容淡定，心平气和，深思熟虑，勇毅果敢。

【精彩解说】

广泛涉猎，意志坚定，诚恳求教，用心思考，这是专心治学应有的功夫；从容淡定，心平气和，深思熟虑，勇毅果敢，这是干大事应具备的本领。

【智慧解析】

博学、笃志、切问、近思都是研习学问，进而达到“仁”的境界的阶梯。同时，能够广泛涉猎，有坚强意志，能向人请教，能用心思考，又不单是求学的进步之阶，它对人生的一切都能有所助益。能干大事者，必然首先要有出众的定力，有“泰山崩于前而色不变”的神闲气定。只有这样，才能在错综复杂的事件前面保持冷静，并做出最佳抉择。同时，干大事者，还要有卓越的智慧，能洞察事物的来龙去脉，有当断则断的果敢与勇气。只有兼具“神闲气静，智深勇沉”的特点，才能真正担当大事。

第一七七则

原文

何者为益友？凡事肯规我之过者[1]是也。何者为小人？凡事必徇[2]己之私者是也。

【字词注解】

①规我之过者：规诫我的过失的人。规，规诫，规劝。

②徇：屈从，偏袒。

【精彩解说】

什么样的人才算益友呢？愿意对我的过失加以劝诫的就是益友。什么样的人是小人呢？那些遇到事情只会考虑自己利益的人就是小人。

【智慧解析】

一个人要有所成就，就一定要结交几个志同道合的知心朋友。真正的朋友，应建立在同声相应、同气相求的基础上，能够互相帮助、互相砥砺、互相学习、互相指引，在朋友有了错误的时候，能够及时而诚恳地提出，并敦促他改正。这样的朋友，才真正称得上是益友。而小人考虑问题，永远只从自己的角度出发，只要对自己有利，他们就不会考虑道义。我们交友之时，应多交益友，远离小人。

第一七八则

原文

待人宜宽，惟待子孙不可宽；行礼宜厚①，惟行嫁娶不必厚。

【字词注解】

①厚：周到。

【精彩解说】

在待人上，态度应该宽容，但是对待自己的子孙却不可以娇纵；礼尚往来要周到，只是婚嫁操办不必太过铺张。

【智慧解析】

我们要以宽容之心对待他人，但对待自己的子孙却不能过于宽容，而要严格要求他们。“养不教父之过。”对待子孙宽容，其实就是对他们纵容，表面上是爱他们，实质上是害他们。俗语说：“千里送鹅毛，礼轻情意重。”可见，礼的主要意义就在于情意。如果情意深厚，又何必在乎礼物的轻重呢？“行礼宜厚”，关键还是在于礼节要周到，情意要深厚。亲戚之间，朋友之间，情意深厚的话，只要能常来常往，自然关系融洽，礼物反而在其次了。谈婚论嫁的男女两家就要结为秦晋之好，还斤斤计较于彩礼的多少，陪嫁的多寡，那就只能伤了亲家之情，不利于家庭和睦。

第一七九则

原文

事但[1]观其已然[2]，便可知其未然[3]；人必尽其当然[4]，乃可听其自然[5]。

【字词注解】

①但：只，仅。

②已然：已经发生的情况。

③未然：尚未发生的情况。

④当然：应当这样，应做的事情。

⑤听其自然：任其自然发展。

【精彩解说】

遇事只需观察已经表现出来的情形，便可以推知未来可能的情形；一个人一定要先尽了自己的本分，然后才可以顺其自然。

【智慧解析】

万事万物，都有迹可循，只要我们细心体察，就一定可以预先判定事物的发展趋向，从而采取有效的措施，趋利避害。虽然有人说“人算不如天算”，但是天上绝不会掉馅饼。如果上天能够提供良好的自然条件，加上自身十分的努力，就会取得成功，这就是顺其自然；否则，即使客观条件再好，如果不尽心尽力，也不会有收获。

第一八〇则

原文

观规模之大小，可以知事业之高卑[1]；察德泽[2]之浅深，可以知门祚[3]之久暂。

【字词注解】

①高卑：崇高和浅陋。

②德泽：恩德，恩惠。

③门祚（zuò）：家运。

【精彩解说】

观察规模、气象的大小，就能知晓一个人的事业是崇高还是浅陋；只看对人恩惠的多少，就能知道家族的福运是否长远。

【智慧解析】

人做事之时的规模、气象各有不同，而能成大事的人，规模与气象也会与众不同，细心观察就能对一个人的未来事业做出较为准确的预测。自身做事时，也有必要具备大规模、大气象。俗语云：“忠厚传家久，诗书继世长。”祖上有德泽风范，根植子孙心中，子孙能奉行不移，那么家运就能够长久兴旺。

第一八一则

原文

义之中有利，而尚义之君子，初非计[①]及于利也；利之中有害，而趋利之小人，并不顾其为害也。

【字词注解】

①计：设想、推测。

【精彩解说】

道义之中也含有利益，那些真正追求道义的君子，起初根本就没想过是否有利可图；利益之中也藏有危害，那些贪图利益的小人，根本不会顾及危害。

【智慧解析】

君子一心求义，根本没有考虑到个人利益，而利益却有时不求自来；小人只知求利，全然不顾义之所在，也不顾虑可能存在的风险，也许一时得到了很大的利益，但很可能要承担随之而来的恶果。要知道，有付出，才会有回报。一个人没有付出，只知索取，终有一天会失败。而君子只知付出，只接受义中之利，也就不会受到不义之利所生的恶果的侵害。

第一八二则

原文

小心谨慎者，必善其后①，畅则无咎②也；高自位置③者，难保其终，亢则有悔④也。

【字词注解】

①必善其后：一定能善始善终。善其后，本指事前考虑周密，就没有后患。后来称事情发生后妥善处理遗留问题为善后。

②畅则无咎：通达而没有过失。

③高自位置：位居高位的人。

④亢则有悔：位居高位的人如果过于自满，则可能会败亡。语出《易经·乾卦》："亢龙有悔。"

【精彩解说】

小心谨慎的人，做事一定能善始善终，因为通达所以不会有过失；身居高位的人，要保证地位是很难的，一旦过于自满就可能走向败亡。

【智慧解析】

真正谨慎的人，做事情一定会“慎其初，念其终”，从头至尾保持谨慎的心态，时刻有危机感，善始善终。物极必反，处于人生顶点的大人物，如果不知道进退之理，就会走向极端，做出一些错误的决定，那时就真的进退无路了。知进而不知退，知存而不知亡，知得而不知丧，那么，再高地位的人也终究会有“有悔”的一天。

第一八三则

原文

耕所以养生①，读所以明道②，此耕读之本原③也，而后世乃假以谋富贵矣；衣取其蔽体，食取其充饥，此衣食之实用也，而时人乃藉以逞④豪奢矣。

【字词注解】

①养生：保养身体。

②明道：明白事理。

③本原：也作“本源”，根源，本意。

④逞：显露，炫耀。

【精彩解说】

耕作的目的是为了保养身体，读书的目的是为了明白事理，这是耕种和读书的本意，然而后世之人却借此谋求富贵；衣服本是蔽体的，食物本是充饥的，这是衣食的实际用途，然而现在的人却借此炫耀自己的富贵奢华。

【智慧解析】

中国自古就有耕读的传统。耕读的目的，不是为了靠其追逐富贵，而是养生明道。但现实中，却有很多人背离了这一根本要义。他们田地只欲其多，安田置宅，巧取豪夺，已经丢失了一个人最基本的淳朴与浑厚。而读书也变了味，不少人读书不是为了“明道”，而是把读书当成追求权位利禄的途径。耕读之人，衣食只求温饱。但现实中不少人却是锦衣玉食，争奢斗富。衣食，也变成了那些富人互相夸耀、互相攀比的工具，这不能不说是一种悲哀。

第一八四则

原文

人皆欲贵也，请问一官到手，怎样施行？人皆欲富也，且问万贯缠腰，如何布置①？

【字词注解】

①布置：安排。

【精彩解说】

每个人都渴望显贵，请问一旦得了官职，又打算如何施行政务？每个人都希望富足，请问一旦拥有了万贯家业，又打算如何使用这些钱财呢？

【智慧解析】

人人都想自己地位显贵、腰缠万贯，这本无可厚非。但一个人一旦真的得到了他梦想的权位与财富，他又该怎么处置？这里就由不得个人肆意妄为了。因为，有权者的行为已经与大众的利益息息相关；有财者，除了让自己生活得更好之外，如果能让自己的财富服务于社会，为社会创造更多的幸福和更大的价值，会活得更安心，更自在，也会得到社会大众的尊崇与敬重。如当官只为以权谋私，致富只为奢侈享受，那可能祸患就离他们不远了。

第一八五则

原文

文、行、忠、信[1]，孔子立教之目也，今惟教以文而已；志道、据德、依仁、游艺[2]，孔门为学之序也，今但学其艺而已。

【字词注解】

①文、行、忠、信：孔子以这四者教导学生。语出《论语·述而》："子以四教：文、行、忠、信。"文，典籍；行，德行；忠，对别人尽心；信，诚实。

②志道、据德、依仁、游艺：孔门为学的次序。语出《论语·述而》：子曰："志于道，据于德，依于仁，游于艺。"志道，立志于道义。据德，拥有高尚的道德。依仁，依仁义的品德立世。游艺，指儒家的礼、乐、射、御、书、数六种技艺，六艺是陶冶情操、安身立命的本领。

【精彩解说】

文、行、忠、信，是孔子教导门生时所设立的科目，现今却只教授典籍；志道、据德、依仁、游艺，是孔门弟子进学的顺序，而今只学习技艺罢了。

【智慧解析】

文、行、忠、信是孔子为了教育学生而设立的科目，从科目的内容可以看出孔子教学很注重思想教育。其中行、忠、信都是针对弟子品格的教育，可是后人却偏重于传授文章，忽略了培养人的品德。教育的根本是对人格的培养，如果只注重知识的灌输、技艺的培养，而不去培养一个人高尚的品格，那就是舍本逐末。这种思想，与今天强调学生的全面发展一脉相承。

第一八六则

原文

隐微之衍①，即干宪典②，所以君子怀刑③也；技艺之末，无益身心，所以君子务本也。

【字词注解】

①隐微之衍：微小而隐蔽的过错。

②干宪典：触犯法律。

③君子怀刑：君子在行动时会畏惧法律而守法。

【精彩解说】

一个微小而隐蔽的过错就有可能触犯法律，故而君子要时刻畏惧法律而守法；技艺其实是末流学问，对身心没有多大好处，故而君子应把主要精力放在本业上。

【智慧解析】

君子时刻不忘法律与道德的规范，才能行为端正。千万不可心存侥幸，做出违法乱纪、败坏道德的事，否则大祸临头，后悔也来不及。作者接下来又告诉我们，一个人的精力有限，做事应分清主次，致力于本业（即读书），这样才能有所成就。当然，作者是在当时的时代背景下立论，所以“重读书，轻技能”的说法，在今天来看，有很大的局限性。

第一八七则

原文

士既知学，还恐学而无恒[①]；人不患[②]贫，只要贫而有志。

【字词注解】

①无恒：没有恒心。

②患：担心，忧虑。

【精彩解说】

读书人有了向学之心，还要担心做学问时没有坚持到底的恒心；人不怕贫穷，只要在贫穷时有志气就好。

【智慧解析】

要想学有所成，除了要有上进心，还要有持之以恒的精神。读书最忌三天打鱼，两天晒网，半途而废只能一事无成。成功要有恒心，更要有志向。一个人贫穷，并不可怕，可怕的是，不仅贫穷，还毫无志向。只要一个人心中怀有远大的志向，就能战胜挫折，改变命运。

第一八八则

原文

用功于内者，必于外无所求；饰[1]美于外者，必其中无所有。

【字词注解】

①饰：装饰。

【精彩解说】

注重培养内在修养的人，必然对外在的东西没什么苛求；外表好看而刻意装饰的人，必然没有什么内在的涵养。

【智慧解析】

鸟美在羽毛，人美在心灵，想要受到别人尊重，就应该先充实自己的内心。一个在修身养性上下功夫的人，不会对外部条件有太多要求。那些刻意修饰外表的人，通常只注意事物的外在，而精神世界却很贫乏。当然，作者是站在传统文人立场上这样说的。在今天看来，内在修养与外表的修饰并不冲突，最理想的是二者兼顾，既做到内心充实，也让外表整洁。

第一八九则

原文

盛衰之机①，虽关气运②，而有心者必贵诸人谋③；性命之理④，固极精微，而讲学者必求其实用。

【字词注解】

①机：关键，枢要。

②气运：命运。

③贵诸人谋：重视人的谋划。

④性命之理：追求生命本原与道理的学问。宋代之后主要用以指称理学。

【精彩解说】

兴盛与衰败虽跟运气有关，但有心人一定会重视其中的人事谋划；有关天命天理的学问十分精细微妙，钻研此等学问，务必追求切实有用。

【智慧解析】

“成事在天，谋事在人”，虽然说任何事物都有其发展规律，不以人的意志为转移，但人的主观能动性却能发挥非常重要的作用。所以遇事还是应该积极筹划。探究天命与天理的理学思想极为精细而微妙，但是研究这些学问的人们，应当注重理论的实用性，否则就会沦为空谈。

第一九〇则

原文

鲁[1]如曾子[2]，于道独得其传，可知资性[3]不足限人也；贫如颜子[4]，其乐不因以改，可知境遇不足困人也。

【字词注解】

①鲁：愚拙，迟钝。

②曾子（前505—前435）：名参，字子舆。春秋时鲁国人，孔子的弟子。他天赋并不算太高，孔子曾说过“参也鲁”；但他勤奋好学，最终成为孔子学说的主要继承人和传播者，在儒家文化中居承上启下的重要地位，被后世尊为“宗圣”。其事迹散见于《论语》以及《史记·仲尼弟子列传》等。

③资性：天资，天性。

④颜子：孔子的学生颜回。

【精彩解说】

曾子那样愚钝的人都能得到孔子真传且扬名后世，可见天资秉性并不能限制一个人的发展；像颜回那么贫穷的人却并没有因此而失去快乐，可知遭遇和环境不足以改变一个人内心的快乐安宁。

【智慧解析】

先天聪慧或是愚笨并不完全决定一个人事业的成败，就算天分有限，只要肯下苦功、勤加思考，通过自身的不懈努力依然能创造一番功绩。人能否活得快乐安宁，并不完全是由富贵或贫穷决定的。只要保持内心的开朗乐观，从更高的精神境界中获取快乐，那么快乐就是发自内心的，不再依附于外物。

第一九一则

原文

敦厚之人，始可托大事，故安刘氏者，必绛侯也[1]；谨慎之人，方能成大功，故兴汉室者，必武侯也[2]。

【字词注解】

①“敦厚之人”四句：《史记·高祖本纪》：“周勃重厚少文，然安刘氏者必勃也。”刘氏，指汉高祖刘邦开创的西汉王朝。绛侯，指西汉开国功臣周勃。周勃（？—前169），少以编织养蚕器具为生，性情敦厚，善于隐忍。后随刘邦起义，以军功为将军，封绛侯。吕后掌权时，吕后之侄吕产、吕禄分掌南北军。吕后死后，周勃与陈平等共谋诛诸吕，迎汉文帝即位。事迹见《史记》《汉书》。

②“谨慎之人”四句：诸葛亮《出师表》中曰：“先帝知臣谨慎，故临崩寄臣以大事也。”武侯，即三国蜀汉政治家、军事家诸葛亮。诸葛亮（181—234），字孔明，他帮助汉朝宗室刘备联吴抗曹，帮助刘备建立蜀汉政权，遂与吴、魏成三国鼎足之势。刘备称帝后，封诸葛亮为丞相。刘备死后，诸葛亮辅佐后主刘禅，以丞相封武乡侯，兼领益州牧，成为蜀汉政权的实际掌权者。他主政期

间整官制，修法度，志复中原，与魏相攻战。后因积劳成疾病逝军中，年五十四岁。

【精彩解说】

忠厚诚挚的人，可将大事托付给他，因此能使汉朝天下安定的，必然是周勃；谨慎小心的人，才能成就大事业，因此能使汉室复兴的，必然是诸葛亮。

【智慧解析】

中国文化中最重视敦厚和谨慎的品性，因为通过现实和历史人们认识到这两种品质有助于成就大业。敦厚的人本性诚实，行事稳重，平日不太显露，似乎也不如聪明人灵活，但聪明人多变，多变者往往不诚，德行浅薄，行事躁乱，不能成大事。谨慎也是从政的一种品质，当然并不是说要事事衡量得失，而是以一种忠诚厚重的精神投入现实，事事不放松，不放过一切不合理之事，认真做事。

第一九二则

原文

以汉高祖之英明，知吕后必杀戚姬，而不能救止[①]，盖其祸已成也；以陶朱公之智计，知长男必杀仲子，而不能保全[②]，殆[③]其罪难宥[④]乎？

【字词注解】

①“以汉高祖之英明”三句：刘邦一开始立吕后之子为太子，后因宠爱戚姬与其子刘如意，欲改立如意为太子。吕后深忌之。张良献计让吕后请出商山四皓陪侍太子，刘邦素重此四人却屡召不至，见其侍奉太子，遂知太子羽翼已成，放弃改换太子的念头，对戚夫人说：“吕后真而主矣。”刘邦死后，吕后毒死赵王如意，截断戚夫人的手足，挖眼熏耳，饮以哑药，置于厕中，名曰“人彘”。

②“以陶朱公之智计”三句：范蠡辅佐越王勾践灭吴，知越王为人不可共安乐而弃官离去，自称陶朱公，以经商致富。其次子在楚杀人将被处死，想让少子去救。其长子坚决要求前去，范蠡不得已，给他千金和一封信，嘱其至楚求助庄生。庄生果然设法让楚王大赦。范蠡长子不知为庄生所为，吝惜千金，向庄生讨回。庄生大怒，遂使楚王杀范蠡次子之后才大赦。长子只好带着弟弟的尸体回国，范蠡曰：

“吾固知必杀其弟也……前日吾所为欲遣少子，固为其能弃财故也，而长者不能，故卒以杀其弟。”仲子，次子。古代兄弟排行常以伯仲叔季为序。

③殆：可能，大概。

④宥：宽恕，饶恕。

【精彩解说】

像汉高祖那么英明的人，明知自己死后吕后必会杀死他最心爱的戚夫人，却无法解救阻止，是因为这个祸事已经酿成了；如陶朱公那样足智多谋的人，明知其长子非但救不了次子，反而会害了次子，却无法保全次子性命，大概是因为次子的罪本来就让人难以原谅吧！

【智慧解析】

这一则，作者利用两个著名的历史典故为读者展现“形势比人强”这个颠扑不破的道理。汉高祖是一代英主，他参与推翻了强秦，战胜了强大的项羽，除掉了与自己分享权力的异姓诸侯王，却由于吕后的势力已经无法动摇而无力拯救自己喜爱的姬妾，让人唏嘘。陶朱公原本是运筹帷幄的谋臣，后来是富甲天下的豪商。以他过人的权谋，他明知长子无法救下次子却仍派长子前去，以致次子殒命。根据现有资料无法考证陶朱公的动机，但作者认为是陶朱公知道次子罪大恶极，因此才不阻止长子前去，目的是顺应时势用这两个例子告诉我们，当事物在萌芽与成长阶段时，还有可能阻止它，一旦其发展到成熟阶段，再去阻止就是逆大势而为，结果往往是被大势冲垮，以失败告终。

第一九三则

原文

处世以忠厚人为法[①]，传家得勤俭意便佳。

【字词注解】

①法：仿效；效法

【精彩解说】

为人处世，应当效法忠实敦厚的人；传给后代勤劳和俭朴的想法是最好的了。

【智慧解析】

这一则的内容前面说过多次，真诚、正直、忠恳、厚道，无一毫伪饰，无一丝机心，这些都是作者推崇的为人处世之道。传承家业也是作者最重视的事情之一，他认为最朴实也最有效的是传承勤劳和节约的生活方式，才能真正保证家业的久远。

第一九四则

原文

紫阳补《大学·格致》之章，恐人误入虚无，而必使之即物穷理[①]，所以维正教也；阳明[②]取孟子良知之说，恐人徒事记诵，而必使之反己省心，所以救末流[③]也。

【字词注解】

①即物穷理：程朱理学的主要范畴之一。认为理在物先，物是理的表现形式，要根据具体事物穷究出真正的道理。

②阳明：王守仁（1472—1528），字伯安，明代哲学家、政治家、军事家、教育家，“阳明心学”的创始人。

③末流：本指河水的下游，后指衰乱时代的不良风气，又指遗业、余绪。

【精彩解说】

朱熹注《大学·格致》一章的时候，特别补充说明，担心学习的人误解而入虚无之道，所以要人尽量多去探究事物的道理，以此维护儒家正统；王阳明吸取了孟子的良知学说，担心人们只知背诵而不求甚解，所以教导人们一定要反观自己的本心，以此挽救衰乱社会中的不良风气。

【智慧解析】

这一则作者讲述了理学与继之而起的心学的一些较为深奥的道理。理学强调即物穷理，强调为学当“博学之，审问之，慎思之，明辨之，笃行之”，防止放纵心性，从而维护儒学正统；心学则不满理学沉闷和僵化的模式，提出了“求理于吾心”的思想方式，起到端正本心的作用。作者作为理学的拥趸，依然以其为正道，对心学则略有微词，认为其只适合“救末流”。今天看来，理学和心学都是一个时代的产物，需要辩证吸收其有益成分，同时也要摒弃其中落后成分，为当今时代服务。

第一九五则

原文

人称我善良则喜，称我凶恶则怒，此可见凶恶非美名也，即当立志为善良；我见人醇谨[①]则爱，见人浮躁则恶，此可见浮躁非佳士也，何不反身为醇谨。

【字词注解】

①醇谨：醇厚，谨慎。醇，朴实，厚重。

【精彩解说】

别人说我善良我感到欣喜，说我凶恶我感到愤怒，由此可知凶恶不是美好的名声，所以我们应立志做一个善良的人；我看到他人醇厚谨慎就会喜爱他，见到他人心浮气躁就会觉得讨厌，由此可见心浮气躁不是优秀的人该有的，何不让自己做一个醇厚谨慎的人呢？

【智慧解析】

绝大多数人都难免受到基本的社会道德价值的影响。即使号称超脱的人，依然愿意被称为善人，而不愿被称为恶人，那么何不做他人眼中的善人呢？即使同为善良之人，一个醇厚谨慎，另一个心浮气躁，普通人会选择亲近前者并疏远后者。就算不想向世俗妥协，但做一个醇厚谨慎、受人亲近的人又何乐而不为呢？

第一九六则

原文

处事要宽平[①]，而不可有松散之弊；持身贵严厉，而不可有激切[②]之形。

【字词注解】

①宽平：宽松而平稳。

②激切：激动，激烈。

【精彩解说】

处理事情要宽松平稳，但是不能因此而散漫；立身贵在严于律己，但是不能为此有过激的行为。

【智慧解析】

这一则讲如何把握处事与修身的尺度。处事要宽是讲胸怀广，不计较；要平是讲要公平，心境要平和，这都是作者反复强调的。但此处进一步提出要避免松散，不可太过宽平，否则就成了毫无原则与底线的乡愿。修身要严格甚至严厉，以抑制人性中的放纵，但也不可过激，有张有弛才有助于身心的平衡。

第一九七则

原文

天有风雨，人以宫室蔽之；地有山川，人以舟车通之。是人能补天地之阙①也，而可无为乎？人有性理，天以五常②赋之；人有形质③，地以六谷④养之。是天地且厚人之生也，而可自薄乎？

【字词注解】

①阙：过失，缺陷。

②五常：古代儒家要求的五种道德修养，即仁、义、礼、智、信。五常有时又指五伦，即君臣、父子、兄弟、夫妇、朋友之间的五种关系。

③形质：形体。

④六谷：稻、黍、稷、粱、麦、菰（gū）的合称。一说为稻、粱、菽、麦、黍、稷的合称。

【精彩解说】

天会刮风下雨，所以人造房屋来遮蔽；地上有高山河流，人便造船车来便利交通。既然人力能够弥补天地造物的缺失，我们又怎么可以虚度一生？人的心中有理性，天赋于其仁、义、礼、智、信；人的外在有形体，地便以黍、稷、菽、麦、稻、粱六谷来滋养。天地对待人的生命尚且优厚，人又岂能自轻自贱呢？

【智慧解析】

从修建房屋以遮蔽风雨，到利用车船行路渡河，再到今天用电、互联网等让生活更加便利，都是人类凭借自己的聪明才智以补生活中的不足，是推动社会进步的动力。除了生活需求，人还有精神追求。人生来就是心灵与身体的复合体，仁、义、礼、智、信就是人创造出来辅助自己、规范自己的。由此，作者做出推断：人应该有所作为，而厚待生命也无可厚非，这是颇具进步意义的见解。知足常乐与积极进取是两种不同的精神状态，都不可或缺，单纯强调甚至过度强调某一点都不行，应该使二者平衡互补。

第一九八则

原文

人之生也直，人苟欲生，必全其直；贫者士之常，士不安贫，乃反其常。进食需箸[1]，而箸亦只悉随其操纵所使，于此可悟用人之方；作书需笔，而笔不能必其字画之工，于此可悟求己之理。

【字词注解】

①箸：竹筷子。

【精彩解说】

人有正直的本性，如果要生存，就必须保全这种正直；贫困是读书人的常态，读书人若不安于贫困，就是违背了常理。吃饭需要用筷子，筷子完全随人的操纵来选择食物，由此可以悟出用人的方法；写字需用毛笔，但是毛笔并不能使字工整，借此也能明白“任何事都必须反求诸己”的道理。

【智慧解析】

用日常生活中的现象和物品来打比方，引申出人生的道理，是古代文人常用的方法，直观，活泼，让人易于接受。作者先从宏观方面强调正直的重要性，这是本书反复强调的核心内容。随后他用筷子作比，告诉读者筷子只有笔直才能随心所欲地夹菜，如果是弯曲的，那就毫无用处了。可见，用人当然要用正直的人，才能够齐心协力走向成功，用小人只会误事。接着，作者又不厌其烦地再度强调安贫乐道的意义，同时以笔作比，告诉我们写出工巧的字画并不是笔的功劳，关键还是自己的心态。因此，士人不必因贫困而苦恼，只要保持好心态，善于反求诸己，就不会被物质方面的困难吓倒。

第一九九则

原文

家之富厚者，积田产以遗子孙，子孙未必能保；不如广积阴功[①]，使天眷其德，或可少延。家之贫穷者，谋奔走以给衣食，衣食未必能充；何若自谋本业，知民生在勤，定当有济。

【字词注解】

①阴功：暗中有德于人的功业，也作“阴德”。

【精彩解说】

家境殷实的人家，把积聚的田产留给子孙，子孙却不一定能守得住；还不如多做善事，使上天眷顾你的阴德，也许可使子孙的福分得到延长。家中贫穷的人，即使想尽办法来筹措衣食，衣食却未必充足；还不如踏实做好本职工作，如果能知道民生的根本在于勤奋，那么一定能够改善处境。

【智慧解析】

这一则讲处富与处贫之道，也是作者反复强调的问题。对富人来说，累积田产留给子孙，子孙未必能够保全，反而可能被种种不可预知的祸患击溃，失去财富。令家业延续的手段，不外乎积德，这难免有几分唯心色彩，但也有一定的积极意义。处富应积德，那么如何处贫以保生存呢？如何让贫寒子弟也能衣食丰足呢？贫寒之士最忌奔走谋食，丧失人格，最好的办法是自谋本业，专心耕读，保住衣食的同时追求建功立业，最终改变命运。

第二〇〇则

原文

言不可尽信，必揆[①]诸理；事未可遽行[②]，必问诸心。

【字词注解】

①揆（kuí）：揣度，判断。

②遽（jù）行：仓促地去做。遽，仓促。

【精彩解说】

别人说的话不可以完全相信，一定要在理性的基础上加以判断和衡量；遇到事情不要着急去做，一定要先过问自己的良心，看看有没有违背道义的地方。

【智慧解析】

古人讲求言行一致，与人相处不仅要听其言，还要观其行。在这里，作者更进一步说要“揆诸理”，根据其言行判断是否合乎天理，一番周折下来，对一个人就有了一定的了解了。行事也是如此，要事先做出判断是十分困难的，最好的办法是追问所行之事是否合于本心。凡是违背本心的就不去做，凡合乎本心的就放手去做。如果不加考虑贸然去做，造成损失后再后悔就来不及了。

第二〇一则

原文

兄弟相师友，天伦之乐[①]莫大焉；闺门[②]若朝廷，家法之严可知也。

【字词注解】

①天伦之乐：泛指家庭的乐趣。天伦，旧指父子、兄弟等亲属关系。

②闺门：内室之门，也指家门。

【精彩解说】

兄弟间能互为师友，这就是伦常之乐的极致；家里如朝廷一般威严，可知家法严厉。

【智慧解析】

古人强调长幼有序、兄友弟恭，兄弟间能够互相劝勉、互相帮助，家庭就会团结和睦。治家严谨，有利于培养子女的良好品德，使家庭兴旺发达。当然，在今人看来这种相处方式未免压抑，所以我们只要吸取其中有积极成分的友爱、规整就够了，不必让家庭像学校、朝廷一般。

第二〇二则

原文

友以成德[1]也，人而无友，则孤陋寡闻，德不能成矣；学以愈愚[2]也，人而不学，则昏昧无知[3]，愚不能愈矣。

【字词注解】

①成德：成就德业。

②愈愚：医治愚昧无知。愈，治愈，医治。

③昏昧无知：愚昧，没有知识，不明事理。

【精彩解说】

朋友可助你进益德业，人若没有朋友，就会孤陋寡闻，德业也不能有所成就；求学可以摆脱愚昧，人若不学习，必定无知无识，愚昧到无药可救。

【智慧解析】

一个人立身处世的成与败与所交往的朋友的品行优劣有很大关系。朋友的高尚品格会感染、激励我们；朋友的鞭策、劝勉，会使我们改正自身的错误，不断进步；朋友之间的交流，增加彼此的见闻，共同学习进步。学习能增长人的知识和智慧，只有通过不断学习，才能启迪自己的心智，避免愚昧无知。

第二〇三则

原文

明犯国法，罪累岂能幸逃[1]？白得人财，赔偿还要加倍。

【字词注解】

①幸逃：侥幸逃避。

【精彩解说】

对国法明知故犯，怎能侥幸逃避制裁？平白无故地吞没他人财物，恐怕要加倍偿还。

【智慧解析】

这一则讲述了两个简单的道理，劝诫人们不要触犯法律，也不要贪求不义之财。有些犯罪的人心存侥幸，自以为神不知鬼不觉，但是天网恢恢，疏而不漏，触犯法律的人终会受到制裁。君子爱财，取之有道，以合法的途径获得财富，才能容于自己的良心，容于法理与人情。

第二〇四则

原文

浪子回头，仍不惭为君子；贵人失足①，便贻笑于庸人。

【字词注解】

①失足：举止不庄重，丧失节操。

【精彩解说】

浪荡子弟如能改过自新，仍是无愧于心的君子；高贵的人一旦丧失节操，连庸人都会嘲笑他。

【智慧解析】

“浪子回头金不换”，犯错之人，若能痛改前非，这就是一种进步，应该得到宽容与原谅，目的还是劝人向善。身份高贵之人，向来是人们的表率，如若举止不端，做出不道德的事，便会带来极其恶劣的影响。因此，身份高贵之人，更应该谨言慎行。

第二〇五则

原文

饮食男女，人之大欲存焉①，然人欲既胜，天理②或亡。故有道之士，必使饮食有节，男女有别。

【字词注解】

①饮食男女，人之大欲存焉：吃喝和情爱是人的基本需求。大欲，基本的欲望。

②天理：天道，天性，后来也指良心。

【精彩解说】

饮食的欲望与情欲是人的欲望中最基本的，如果放纵它，任其发展，会使道德与天理沦丧。所以有道德修养的人，一定会让饮食有节制，恪守男女有别。

【智慧解析】

这一则从理学“存天理，灭人欲”的思想衍生而来。饮食欲望，可维持人类的生命；男女情欲，可延续人类的种族。这两种欲望是再正常不过的，但如果任其过度膨胀，终日沉湎于美食与情欲中，就会造成道德沦丧。因此，古人非常强调在这两方面应有所克制。

第二〇六则

原文

东坡[1]《志林》有云："人生耐贫贱易，耐富贵难；安勤苦易，安闲散难；忍疼易，忍痒难；能耐富贵、安闲散、忍痒者，必有道之士也。"余谓如此精爽[2]之论，足以发人深省，正可于朋友聚会时，述之以助清谈[3]。

【字词注解】

①东坡：苏轼。苏轼（1037—1101），字子瞻，号东坡居士。北宋杰出文学家、书画家，他的文章纵横奔放，诗歌飘逸不群，词开豪放一派，书画亦有名。著有《易传》《书传》《论语说》《仇池笔记》《东坡志林》等。

②精爽：精当而爽直。

③清谈：清雅的言谈、议论，又指公正的舆论。

【精彩解说】

苏东坡在他的《东坡志林》一书中说，人生中耐得住贫贱很容易，但耐得住富贵却很难；在勤苦中讨生活很容易，但在闲散中打发时间却很难；要忍住疼痛很容易，而忍住瘙痒却很难。能经得住富贵、闲散、奇痒的人，必是有道行的高人。我以为如此精妙简洁的高论值得我们深刻体会，正适于朋友聚会时交流讨论。

【智慧解析】

贫贱、勤苦、疼痛都是对人意志的考验，但却容易忍耐，而富贵、闲散、瘙痒，看似容易忍受，实际却不是这样。这就好比逆境和顺境，逆境常常能激发一个人的潜能和斗志，使人不敢松懈，而顺境常让人放松警惕。当然，苏轼的话是他在坎坷经历之后的感受，算不得放之四海而皆准的真理。因此，本书作者也将其视为适合在茶余饭后与友人闲谈时引用的趣谈，不必过分深究。

第二〇七则

原文

余最爱《草庐日录》[1]有句云："淡如秋水贫中味，和若春风静后功[2]。"读之觉矜平躁释[3]，意味深长。

【字词注解】

①《草庐日录》：明代吴与弼著。吴与弼（1391—1469），字子傅，号康斋，明代思想家，其著作《日录》以心性、涵养等为主要内容。

②淡如秋水贫中味，和若春风静后功：身处贫穷中像秋水一样淡泊，静下来的心如同春风一样平和。

③矜平躁释：自负孤傲之心得以平息，浮躁之气得以消解。矜，自负贤能。

【精彩解说】

我最喜爱《草庐日录》中的一句话："淡如秋水贫中味，和若春风静后功。"读后令人感觉神清气爽，回味绵长。

【智慧解析】

作者一向推崇安贫乐道，因此对吴与弼的这两句诗心有戚戚焉，并着重推荐给读者。这两句话告诉我们，一个人即使很贫穷，但只要具备一颗宁静淡泊的心，也能安贫乐道，修养身心，不会因为外在的物质诱惑而失去自我。

第二〇八则

原文

敌加于己，不得已而应之，谓之应兵，兵应者胜；利人土地①，谓之贪兵，兵贪者败。此魏相②论兵语也。然岂独用兵为然哉？凡人事之成败，皆当作如是观③。

【字词注解】

①利人土地：贪图占有别人的土地并以之为利。

②魏相（？—前59）：字若翁，西汉名臣。少学《易》，初为茂陵令，后迁河南太守。汉宣帝时为丞相，总领众职，与丙吉同心辅政，皆为皇帝所重，封高平侯。

③当作如是观：应当用这种观点去看待。

【精彩解说】

敌人来犯，不得已而与之对抗，这叫作“应兵”，不得已应战的往往能取得胜利；贪图别人的领土，那属于“贪兵”，贪图他国领土而出兵的往往失败。这是魏相谈论战争时讲的。但岂止用兵打仗是如此，大凡人和事的成功与失败，都应当用这种观点去看待。

【智慧解析】

应兵者拿起武器是为了结束战争、保卫和平，这样自然能够得到大多数人的支持，因此能取得胜利。但是贪兵正好相反，他们为了自己的欲望而攻打他国，是罪恶的一方，自然难以取胜。根据历史事实来看，这两句论兵之语并不算高明，作者引用过来，主要是劝诫读者要安守本分，不要过分贪求。

第二〇九则

原文

凡人世险奇之事，决不可为，或为之而幸获其利，特[1]偶然耳，不可视为常然[2]也。可以为常者，必其平淡无奇，如耕田读书之类是也。

【字词注解】

①特：只是。

②常然：常理如此。

【精彩解说】

凡是人世间怪异诡谲的事都千万不要去做，即使有人因为做了这样的事而得到些许利益，也不过是偶然罢了，不能把它当作常态。能当作常理的，肯定都是些平淡无奇的事，例如耕田、读书这样的事情。

【智慧解析】

这一则突出了传统儒学思想中审慎、保守的一面。作者认为那些离奇的事，都是伴随着未知的风险的，就算侥幸获利也只是一时的，不如靠千百年沿袭下来的耕读传家，虽然很难获得意外的利益，但也少了很多风险。这样的思想，不敢冒险，缺乏创新，其积极意义远没有负面影响大。

第二一〇则

原文

忧先于事故能无忧，事至而忧无救于事，此唐史李绛[1]语也。其警人之意深矣，可书以揭诸座右[2]。

【字词注解】

①李绛（764—830）：字深之，唐代宰相，历仕四朝，为官敢言直谏，无所迁就。

②揭诸座右：作为座右铭。

【精彩解说】

如果做事前思虑周全，做事时就不会出现忧虑和麻烦，如果事到临头才去想办法应对，结果只能是于事无补。这是唐代李绛所说的。这句话具有警醒世人的作用，不妨将它当作座右铭，时刻提醒自己。

【智慧解析】

人不可无忧患意识，特别是要懂得“有备无患”的道理。一个人若是懂得未雨绸缪，遇到事情便会临危不惧，省去诸多麻烦。如若事到临头才手忙脚乱地去谋划，难免会出现种种纰漏。

第二一一则

原文

尧、舜[①]大圣，而生朱、均[②]。瞽、鲧[③]至愚[④]，而生舜、禹[⑤]。揆以余庆余殃之理，似觉难凭。然尧、舜之圣，初未尝因朱、均而灭。瞽、鲧之愚，亦不能因舜、禹而掩[⑥]，所以人贵自立也。

【字词注解】

①尧、舜：均为上古时代部落联盟的领袖，也是传说中的两个贤能君主。尧，名放勋，号陶唐氏，史称“唐尧”。舜，名重华，号有虞氏，史称“虞舜”。

②朱、均：分别是尧和舜的儿子。朱，指尧的儿子丹朱，名朱，因受封于丹水故名。均，指舜的儿子商均，封于虞。两人均荒淫傲慢，不够贤能，因此没能继位。

③瞽（gǔ）、鲧（gǔn）：瞽，指舜的父亲瞽叟，传说瞽叟曾与其后妻及后妻之子象谋害舜。鲧，指禹的父亲，传说因治水无功而被杀。

④至愚：极其愚笨。

⑤禹：传说是夏后氏部落的首领，帝颛顼的曾孙，鲧的儿子。姒姓，名文命。相传大禹治黄河水患有功，受舜禅让而继帝位，成为夏的开国之君，被后人尊称为“大禹”，亦称“夏禹”。禹是传说时代

与尧、舜齐名的圣贤君主。

⑥掩：掩盖。

——•【精彩解说】

尧、舜都是古代的大圣人，却生了丹朱和商均这样德行有失的儿子。瞽、鲧都是愚昧之人，却生了舜和禹这样流芳百世的贤人。如果说善人留给子孙德泽，恶人留给子孙灾祸，似乎说不通。然而尧、舜的圣明不会因后代的不肖而有所毁损。瞽、鲧的愚昧，也无法被舜、禹的贤能所掩盖，所以人最重要的是能够自立自强。

——•【智慧解析】

这里作者给出了“积善之家，必有余庆；积不善之家，必有余殃”的反例，认为这句名言并非无法辩驳的真理，同时肯定了自立的重要性，具有积极意义。人生在世，贵在自立自强。祖上无德，只要自己努力奋进，也能成为圣贤之人；祖上有德，但自己安于现状，沉沦堕落，也会为人所不齿。

第二一二则

原文

程子[①]教人以静，朱子[②]教人以敬，静者心不妄动之谓也，敬者心常惺惺[③]之谓也。又况静能延寿，敬则日强，为学之功在是，养生之道亦在是，静敬之益人大矣哉，学者可不务乎？

【字词注解】

①程子：北宋理学家程颐、程颢，世称“二程”。程颐（1033—1107），字正叔，世称“伊川先生”；程颢（1032—1085），字伯淳，世称“明道先生”。兄弟二人俱受教于周敦颐，同为北宋理学家。

②朱子：南宋理学家朱熹。

③惺惺：清醒，机灵。

【精彩解说】

程子教人要心静，朱子教人要持敬，静是心境安宁不乱，而敬是指要常保持醒觉状态。由于心不妄动，所以能延年益寿；由于常保持警觉，所以能日日有所进益，求学问的功夫在此，养生的方法也在此，“静”和“敬”对人的好处非常多，学者怎么能不重视呢？

【智慧解析】

理学认为，修养身心贵在心静和持敬。所谓心静，指任凭外界喧哗繁闹，自己的心仍静如止水，不为外界所迷惑，更不会随波逐流。所谓持敬，指对万物存敬重之心，使自己时刻保持清醒而不混沌。能做到心静的人，心思始终如一，精神安宁，不生烦恼；能做到持敬的人，不死寂，亦不昏沉，时常保持清醒之头脑，自如地应对万事。能做到这两者的人，定能涵养精神，养生延年。

第二一三则

原文

卜筮[1]以龟筮为重，故必龟从筮从[2]乃可言吉。若二者有一不从，或二者俱不从，则宜其有凶无吉矣。乃《洪范》稽疑之篇[3]，则于龟从筮逆者，仍曰作内吉。于龟筮共违于人者，仍曰用静吉。是知吉凶在人，圣人之垂戒深矣。人诚能作内而不作外，用静而不用作，循分守常[4]，斯亦安往而不吉哉！

【字词注解】

①卜筮（shì）：古时占卜，用龟甲称“卜”，用火灼龟甲取兆，以预测吉凶；用蓍草占卦称“筮”，合称“卜筮”。

②龟从筮从：龟卜和筮卜都顺从。

③《洪范》稽疑之篇：传说周武王灭商后，箕子曾向其陈述天地之大法，后被传录下来，取名《洪范》，后来成为《尚书》中的一篇，近人疑为后世假托之作。在《洪范》所记录的九种治国大法中，第七种就是稽疑，是关于依赖占筮的决策。汉儒所盛行的“天人感应”说，常以《洪范》为立论根据。

④循分守常：遵循本分，安守常道。

【精彩解说】

在古代，占卜以龟甲和蓍草为主要工具，因此又一定要龟卜及筮卜皆顺从，才能说是吉祥的征兆。如果龟甲和蓍草中有一个不顺从，或是两者都不顺从，那么事情便是凶险而无吉兆了。但是《洪范》中关于卜筮的篇章里说，对于卜占顺从而筮占不顺从的情形，仍可以视为吉，为内吉。而对于龟甲和蓍草占卜的结果都与人的意愿相违的情况，《洪范》也认为是吉，称为静吉。由此可知，是吉是凶主要取决于人，圣人已经训诫得很深刻了。人若能安分守己，在内行之而不在外行之，安守常道，这就是无往而不利的好方法啊！

【智慧解析】

占卜的结果，只能起一定的警醒作用，并不具有决定性作用。对于一位古人来说，这样的见解是非常难得的。人无法预料一件事的凶吉福祸，却可以凭借主观能动性使其向好的方向转化。对于那些有悖于常理与道德的事情，就不去做，而是遵循本分，便会免于凶祸。凡事都不是绝对的，既没有绝对吉利的事情，也没有绝对凶险的事情。做一件事时，掌握动静的时机，听从趋吉避凶的道理，保持清醒的头脑，便能做到无往而不利，从而取得最好的效果。

第二一四则

原文

每见勤苦之人绝无痨疾[1]，显达之士多出寒门，此亦盈虚消长[2]之机，自然之理也。

【字词注解】

①痨疾：痨病，结核病。

②盈虚消长：盈满就会走向亏损，消耗尽了就会转为增长，这就是物极必反、此消彼长的道理。

【精彩解说】

常常看到勤勉刻苦的人绝对不会患上痨病，而显贵闻达之士往往出身贫寒之家。这可以看成是盈则亏而消则长的自然规律。

【智慧解析】

月盈则亏，水满则溢，这是自然界不变的规律，人事何尝不是如此？否极泰来，物极必反，置身困苦处境的人，不必哀叹，只要奋发图强，心怀大志，必定能成就一番事业，登上人生的顶峰。出身富贵之家的人，也不必沾沾自喜，如果终日懒散，无所事事，终究会坐吃山空，自食恶果。

第二一五则

原文

欲利己，便是害己；肯下人[1]，终能上人[2]。

【字词注解】

①下人：居于他人之下。

②上人：居于他人之上。

【精彩解说】

总想对自己有利，反而容易害了自己；屈居人下而无怨言，终有一天也能居于人上。

【智慧解析】

做一件事的初衷，如若只是想从中谋取利益，那一定会深受其害。以自我为中心，就会变得自私自利，从而无视他人的感受，甚至会为一己私利，而损害他人的利益。这样一来，必然会招致他人的不满，影响事情的进展。有谚语说：“吃得苦中苦，方为人上人。”为人处世时，如若肯居于人下，谦逊做事，低调而不张扬，并且善于学习，自然能如上阶梯那样，步步攀升，渐趋高峰，最终必然居于人上。

第二一六则

原文

古之克孝[①]者多矣，独称虞舜为大孝[②]，盖能为其难也；古之有才者众矣，独称周公为美才，盖能本于德也。

【字词注解】

①克孝：能够尽孝道。克，能。

②虞舜为大孝：相传舜的父亲瞽叟在舜的生母死后，另娶后妻而生了象，瞽叟和后妻因独爱小儿子而容不下舜，两人一心想谋害舜，但是舜仍能恪守孝道，友爱自己的弟弟，这是常人很难做到的，因此后世称舜为“大孝”。

【精彩解说】

古人中的孝顺之人很多，只有舜被称为大孝，就是因为他能做那些常人所难为的事；古人中才华横溢的人也有很多，只有周公最受推崇，就是因为周公的才华以高尚的品德为根本。

【智慧解析】

舜曾屡遭父亲、后母与弟弟的暗害，几次死里逃生，但依然孝顺父母，友爱弟弟，并因此得到尧帝的青睐，选他为继承人。舜在父母和弟弟视自己为死敌的情况下依然不改其志，他的孝是常人难以做到的，因此备受推崇。我们想恪守孝道，未必要像舜那样，但有必要学习他的坚强精神。古代有超世之才的人也不少，但周公总被推为魁首，因为他不仅有过人的才华，品德也是出类拔萃、无懈可击的，二者结合起来能与周公媲美的，就少之又少了。学习周公，就要求我们不仅要积极求学，而且要培养良好的品德。

第二一七则

原文

不能缩头[1]者，且休缩头；可以放手者，便须放手。

【字词注解】

①缩头：比喻逃避。

【精彩解说】

不该逃避的事，就莫要逃避；应该放手的事，就要放手。

【智慧解析】

人的一生会面临许多选择，往往一念之差，结果就可能截然不同。有些事情，也许勇敢面对就会柳暗花明，而逃避只会适得其反。有些事情，也许已成定局，若执着不放，只会伤人伤己。何时该面对，何时该放手，这就需要我们冷静地思考，全面地分析，这样才能得出最好的结论。

第二一八则

原文

居易俟命①，见危授命，言命者，总不外顺受其正②；木讷近仁③，巧令鲜仁④，求仁者，即可知从入之方。

【字词注解】

①居易俟（sì）命：处于平易而没有危险的境况以等待时机。语出《中庸》："故君子居易以俟命。"俟，等待。

②顺受其正：顺应天理正道而行。语出《孟子·尽心上》："莫非命者，顺受其正。"

③木讷（nè）近仁：质朴谨慎、不善言辞就接近"仁"了。语出《论语·子路》："刚毅木讷，近仁。"讷，迟钝。

④巧令鲜仁：以花言巧语、献媚之态取悦于人就算不上"仁"了。语出《论语·学而》："巧言令色，鲜矣仁。"

【精彩解说】

君子身处平易而没有危险的境况以等候时机，一旦国家有难，便不惜生命去挽救，讲求命运的人，总不外乎顺应天理正道而行；质朴谨慎、不善言辞就接近"仁"了，而那些以花言巧语、媚态去取悦他人的就算不上“仁”。追寻仁德的人，可以从中悟得通往仁德的途径。

【智慧解析】

顺受其正是一种天命观，看似消极，其实是不乏积极成分的。如果天理合乎正道，就应该顺势而为。正如国家危难之际，人人都有责任挺身而出，为国家斗争，即使献出生命也在所不惜。这些仁人志士在生活中却没有什么惊人之处，他们注重仁德之心，不巧言令色，也不趋炎附势，是值得他人信赖，也信赖他人的有德之人。我们只要严格要求自己，也能向他们看齐。

第二一九则

原文

见小利，不能立大功；存私心，不能谋公事①。

【字词注解】

①谋公事：为公众办事。

【精彩解说】

只能看到眼前的小利，就不能成就大的功绩；总是心存自私的念头，就不能为公众办事。

【智慧解析】

追逐利益并不是什么值得羞耻的事，但只顾眼前蝇头小利的人，往往会因目光短浅，而看不到长远的利益，所以也就难以成就大的事业。同样，私心过重的人，也不会顾及公众的利益，更不会为大众谋福祉，这类人不论是为民还是为官，都不会大有作为。总结来看，只有心胸宽广、大公无私的人，才能真正获得璀璨的事业和显赫的名声。

第二二〇则

原文

正己[1]为率人之本，守成念创业之艰。

【字词注解】

①正己：端正自己。

【精彩解说】

端正自己的言行是为人表率的根本，在事业守成的阶段要谨记创业时的艰辛。

【智慧解析】

所谓正己，也就是要求我们要端正自己的思想和行为，只有自己言行如一，才能去要求别人。如果自己做不到行得正坐得端，也就不能成为表率，令人效仿。而对于功成名就者来说，为人表率是司空见惯之事，切不可因此飘飘然，忘记自己创业之初的艰辛。创业是一个艰难的过程，其中的辛劳恐怕只有自己知道，而其他人是无法感同身受的。但很多事业成功的人，常常在安逸中忘记了曾经的不易，所谓“江山易打不易守”。这也就告诫我们，要有居安思危的意识，无论何时都谨记曾经的辛劳，进而珍惜来之不易的成就。

第二二一则

原文

在世无过百年，总要做好人、存好心，留个后代榜样；谋生各有恒业[①]，那得管闲事、说闲话，荒我正经工夫。

【字词注解】

①恒业：恒久的事业。

【精彩解说】

人活一世，不过百年，总要做好人、存善心，给后人留下榜样；谋生的人都有各自稳固的事业，哪有精力去管与自己无关的事、说一些无关紧要的话，荒废正业。

【智慧解析】

人的一生，不过百年的时间，其实十分短暂，但在有限的生命中，应活得充实而有意义。做人最重要的一点就是做好人、存善心，这样不仅自己问心无愧，也无惧后世人评说。如果每一个人都心怀善念，多行善举，这个社会就会和谐美好。而且，一个人的善举，往往能成为榜样，带动更多的人行善，这就是榜样的作用。而要成为后世的榜样，必须付出十倍百倍的艰辛，要忠于自己的事业，持之以恒地去完成，不要碌碌无为、招惹闲事，荒废了光阴，而落得一事无成。与人交往，不要纠结于是是非非，不要被闲言碎语所扰，要端正心态，保持平和之心。但于今人而言，不能因此产生“各人自扫门前雪，休管他人瓦上霜”的消极心态。

中华传统文化国粹经典文库书目

第一辑			
序号	书名	作者 / 编者	导读者
1	三国演义	［明］罗贯中 / 著	郑铁生
2	水浒传	［明］施耐庵 / 著	宁稼雨　石　麟
3	西游记	［明］吴承恩 / 著	孟昭连
4	红楼梦	［清］曹雪芹　高鹗 / 著	郑铁生
5	镜花缘	［清］李汝珍 / 著	欧阳健
6	白话聊斋	［清］蒲松龄 / 著	王晓华
7	阅微草堂笔记	［清］纪昀 / 著	吴　波
8	西厢记	［元］王实甫 / 著	周传家
9	世说新语	［南朝宋］刘义庆 / 著	侯忠义
10	山海经	［汉］刘歆 / 编	马文大
11	道德经	［春秋］老子 / 著	王　蒙
12	四库全书	［清］纪昀等 / 编	林　骅
13	唐诗三百首	立　人 / 编	徐　刚
14	元曲三百首	立　人 / 编	查洪德
15	宋词三百首	立　人 / 编	韩小蕙
16	中华成语典故	立　人 / 编	陈世旭
17	中华寓言故事	立　人 / 编	陈世旭
18	颜氏家训	［南北朝］颜之推 / 著	孙钦善
19	治家格言	［清］朱伯庐 / 著	李硕儒
20	了凡四训	［明］袁了凡 / 著	俞　前
21	增广贤文	立　人 / 编	孙立仁
22	牡丹亭	［明］汤显祖 / 著	周传家
23	随园诗话	［清］袁枚 / 著	潘务正
24	人间词话	王国维 / 著	陈世旭
25	楚　辞	［战国］屈原等 / 著	石　厉
26	吴越春秋	［东汉］赵晔 / 著	田秉锷
27	菜根谭	［明］洪应明 / 著	俞　前
28	小窗幽记	［明］陈继儒等 / 著	陈喜儒
29	围炉夜话	［清］王永彬 / 著	陈喜儒
30	浮生六记	［清］沈复 / 著	王晓华
31	传习录	［明］王阳明 / 著	王建新
32	说文解字	［东汉］许慎 / 著	冯　蒸
第二辑			
序号	书名	作者 / 编者	导读者
1	史　记	［西汉］司马迁 / 著	关四平
2	资治通鉴	［北宋］司马光 / 编	张秋升
3	春秋左传	［春秋］左丘明 / 著	石定果
4	战国策	［西汉］刘向 / 编	李瑞兰
5	汉　书	［东汉］班固 / 著	关四平
6	三国志	［晋］陈寿 / 著	郑铁生
7	古文观止	［清］吴楚材　吴调侯 / 编	牛　倩
8	论　语	［春秋］孔子等 / 著	石　厉
9	孟　子	［战国］孟子 / 著	邵永海

中华传统文化国粹经典文库书目

序号	书名	作者 / 编者	导读者
10	庄　子	［战国］庄子 / 著	尚学峰
11	荀　子	［战国］荀子 / 著	尚学峰
12	管　子	［春秋］管子等 / 著	官　铎
13	墨　子	［战国］墨子等 / 著	陈鹏程
14	韩非子	［战国］韩非 / 著	邵永海
15	列　子	［战国］列子 / 著	陈鹏程
16	鬼谷子	［战国］鬼谷子 / 著	张世林
17	淮南子	［西汉］刘安等 / 著	张秋升
18	诸子百家	立　人 / 编	张弦生
19	孔子家语	孔子门人 / 编	薄克礼
20	吕氏春秋	［战国］吕不韦等 / 编	田秉锷
21	礼记・尚书	［西汉］戴圣 / 著	冯　蒸
22	三言二拍	［明］冯梦龙　凌濛初 / 著	宁宗一
23	隋唐演义	［清］褚人获 / 著	欧阳健
24	聊斋志异	［清］蒲松龄 / 著	林　骅
25	儒林外史	［清］吴敬梓 / 著	吴　波
26	东周列国志	［明］冯梦龙 / 著	侯忠义
27	弟子规・千家诗	［清］李毓秀 / 著　［南宋］谢枋得　王相 / 编	郑铁生
28	孙子兵法・三十六计	［春秋］孙武 / 著	李海涛
29	容斋随笔	［南宋］洪迈 / 著	李硕儒
30	纳兰词	［清］纳兰性德 / 著	李硕儒
31	豪放词・婉约词	立　人 / 编	韩小蕙
32	唐宋散文八大家	立　人 / 编	卓　然

第三辑

序号	书名	作者 / 编者	导读者
1	中华上下五千年	立　人 / 编	林海清
2	二十五史	立　人 / 编	林海清
3	四书五经	立　人 / 编	张弦生
4	智囊全集	［明］冯梦龙 / 编	周传家
5	贞观政要	［唐］吴兢 / 著	张弦生
6	诗　经	［春秋］孔子 / 编	石　厉
7	孝　经	［春秋］孔子 / 著	田秉锷
8	挺　经	［清］曾国藩 / 著	王建新
9	易　经	立　人 / 编	李树果
10	冰　鉴	［清］曾国藩 / 著	陈喜儒
11	糊涂经	立　人 / 编	周传家
12	周易全书	立　人 / 编	郑铁生
13	黄帝内经	立　人 / 编	廉玉麟
14	本草纲目	［明］李时珍 / 著	廉玉麟
15	三字经・百家姓・千字文	［南宋］王应麟　［南北朝］周兴嗣 / 著	乔卉林
16	大学・中庸	［春秋］曾子　［战国］子思 / 著	牛　倩
17	曾国藩家书	［清］曾国藩 / 著	武道房
18	唐诗・宋词・元曲	立　人 / 编	卓　然
	未完待续……		

書香文雅